超圖解

企業管理
成功實務個案集

戴國良 博士 著

第二版

不談理論，只講實務！勝利組大集合！

五南圖書出版公司 印行

作者序言

一、企業管理的重要性

所謂「企業管理」，就是企業的「經營面」加上企業的「管理面」組合而成的。「企業經營」強調的是在公司面、事業面、策略的、研發的、生產的、銷售的、行銷的等加速營運拓展，以創造更高的營收及獲利。而「企業管理」強調在後勤的、組織的、人力的、資金的、資訊的等提供快速支援。企業經營與企業管理若能上軌道，能有效率又有效能的運作，加上又能持續創新，企業必能成功致勝，甚至成為百年長青企業！

二、本書特色

本書是作者的精心之作，主要有五大特色：

1. 分為服務業及製造業，涵蓋面極廣

本書搜集精選56個個案，有二大篇28個行業，涵蓋面非常廣，且具有代表性，應能表達出企業經營及企業管理的完整面向與完整功能。

2. 超圖解式個案編法，一目瞭然

本書採用最創新的圖解式編法，即不再侷限於一頁文字、一頁圖示的做法，而改採一個重要段落，即一個圖示混合搭配，因此，光看幾個段落圖示，就能理解此個案的重點所在，更增加了簡易的閱讀性，此即超圖解系列書。

3. 重要「觀念」及「關鍵字」提示

每個個案結束後，都把整個個案中的極重要「關鍵字」及「觀念」再次精簡扼要的提示出來，以強化個案的學習效果。只要能學習到「觀念」及「關鍵字」，就可以吸收到廣大的企業經營管理知識了！

4. 唯一的一本國內企業個案分析工具書

本書到目前為止，是國內唯一一本以本土企業經營管理個案分析集為主要內容的教科書及商管書籍；值得做為上班族個人進修學習、公司讀書會教材、以及大學老師授課教材的最佳參考工具書。

5. 加強企管知識，晉升中高階主管

　　若能閱讀完本書，必能使您的企業經營與企業管理的知識和功力大增，這對未來使你晉升為貴公司的中高階經營主管，將會帶來很大助益。看完全書28個行業中的56個豐富個案，相信必能使你大幅提升對企管全方位知識的認識、理解、吸收與能力形成。本書對於想要創業的人，也是一本必讀的企業經營管理寶典！

三、結語

　　本書的出版，耗費作者很多的資料搜集、整理、撰寫及思考的時間，今天能夠順利出版，非常感謝五南出版社的編輯群們，相信此書會造福那些亟需了解及學習企業經營、管理及行銷知識的廣大上班族及大學生們！

　　本書的撰寫及出版動力，全都來自於讀者各位的鼓勵及需求；今天，我能將數十年來我所懂的及所認為重要的企業經營管理知識撰寫出來，也是我將此知識流傳給未來世代朋友們的一份禮物！

　　深深感謝你們的支持與鼓勵，希望你們都能有美好、順利、健康、幸福、成長與成功的人生旅途在每一分鐘的歲月裡。感謝大家！感恩、再感恩！

戴國良

敬上

Mail：taikuo@mail.shu.edu.tw

目錄

第一篇
服務業個案篇

Chapter 1

百貨零售業

1-1 家樂福：臺灣最大本土量販店的成功祕笈

1. 公司簡介

家樂福原是法國及全歐洲的第一大量販店，成立於1963年，已有60多年歷史。30年前，家樂福進入臺灣市場，與國內最大食品飲料統一企業集團合資合作，成立臺灣家樂福公司。目前，臺灣家樂福已有大店及中小型店計330多家，年營收額達800億元，已居國內第二大量販店。僅次於國內的COSTCO（好市多），而領先大潤發及愛買等。但家樂福法方股權，已於2023年賣給統一企業了。

2. 提供三種不同店型的零售賣場

根據家樂福官網顯示：

家樂福在臺灣，長期以來都是提供1,000坪以上的大型量販店型態，目前全臺已有70家這種大型店。但近幾年來，為因應顧客交通便利性需求，因此，家樂福也開展200坪以內的中型店，目前，此店型全臺也有65家。此型態店，稱為「Market便利購」，是以超市型態呈現，將賣場搬到顧客的住家附近，提供多樣的選擇，讓會員顧客輕鬆便利購買平日所需，讓生活更方便。

另外，因應網購迅速發展，家樂福也開發第三種型態店，即虛擬網購通路；網購通路不用出門，即可在家輕鬆以電腦或手機，方便下單，及宅配到府的方式。另外，家樂福在2021年併購頂好超市的250店。

目前，家樂福實體店有800多萬會員，而網購也有70多萬會員。

帶給消費者最大便利及愉悅購物體驗

3. 家樂福三大服務策略

家樂福本著會員顧客至上的信念,對會員有三大承諾,如下:

(1) 退貨,沒問題

會員於家樂福購買之商品,享有退貨服務;非會員退貨,則須帶發票,並且於購物日30天內辦理退貨。

(2) 退您價差

只要會員發現有與家樂福販售的相同商品,其售價更便宜,公司一定退您差價金額。

(3) 免費運送

如果有買不到的店內商品,公司一定幫您免費運送。

4. 加速發展自有品牌,好品質感覺得到

家樂福於1997年即開始逐步發展自有品牌的商品經營政策,這是參考法國家樂福及TESCO二大量販店的經營模式,它們的自有品牌占全年營收占比,均超過40%之高,與臺灣差異很大。

家樂福發展自有品牌目的有三:(1)提供顧客更低價的產品;(2)提高公司的毛利率;(3)展現差異化的特色賣場。

家樂福發展自有品牌迄今,其占比已達10%,未來努力空間仍很大。家樂福發展自有品牌,強調三大關鍵要點:

(1) 確保食安問題不發生,因此有各種的檢驗過程、要求及認證。

(2) 要求一定的品質水準,不能差於全國性製造商品牌的水準,要確保一定的、適中的品質,以使顧客滿足及有口碑。

(3) 要求一定要低價、親民價,至少要比以前製造商品牌價格低10%~20%才行。家樂福自有品牌取名為「家樂福超值」,品項已經超過1,000項之多,包括各種食品、飲料、衛生紙、紙用品、家庭清潔用品、蛋、米、泡麵等均有。

20多年過去了,家樂福自有品牌已受到消費者的接受及肯定,未來成長空間仍很大。

5. 好康卡(會員卡)

家樂福也提供會員辦卡,稱為「好康卡」,即為一種紅利集點卡,每次約有

千分之三的紅利累積回饋，目前辦卡人數已超過800萬人，好康卡的使用率已高達90%，顯示會員顧客對紅利集點優惠的重視。

6. 家樂福的4項經營策略

⑴ 一站購足，滿足需求

　　進到家樂福大賣場，一眼望去，陳列著各式各樣的商品系列，並有吊牌指示，令人一目瞭然；由於家樂福大賣場大都有1,000坪以上，是全聯超市200坪規模的5倍之大，因此，其品項高達4萬多項，可以使顧客一站購足，滿足他們各種生活上的需求。這種一站購足（One-stop-shopping）也是大型量販店的最大特色。亦即各種品牌、各種款式、各種產品，大都能在這裡找到。

⑵ 從世界進口多元商品

　　家樂福也開設有進口商品區，引進各國多元的食品。另外，也經常舉辦紅酒週、日本節、韓國節、歐洲節、美國節等，引進該外國最具特色的產品來銷售，廣受好評。家樂福認為只要是消費者買不到的東西，就是它們必須努力及代勞的時候了。

⑶ 嚴選生鮮商品

　　家樂福不僅乾貨品項很多，在生鮮商品的肉類、魚類、蔬果類品項，也很豐富陳列，並且特別重視產銷履歷、有機標章等，讓顧客能安心選購，30多年來，都沒發生過食安問題，顯示家樂福的嚴謹制度與管控要求。

⑷ 貫徹Only Yes的服務要求

　　家樂福對賣場的各項服務都不斷努力精進，在各種設施或人力上的服務，都力求做到顧客最滿意。亦即Only Yes，沒有說不的權利。

家樂福4項經營策略	
1 一站購足 （One-stop-shopping）	**2** 從世界進口商品
3 家樂福嚴選生鮮	**4** Only Yes服務政策

7. 未來5種觀點與看法

(1) 優化消費者購物體驗

家樂福認為零售賣場的布置、陳列及服務，一定要不斷精進且優化消費者在賣場內享受購物的美好體驗才行。

(2) 競爭是動態的

家樂福認為零售同業或跨業的競爭不是靜態不變的，反而是動態且激烈變化的，因此必須時時保持警惕心及做好洞察與應變計畫，才能保持領先。

(3) 全新角度去檢視

家樂福認為未來將是極具挑戰及變化的，因此必須採取全新角度去檢視大環境及競爭的變化，不能因循舊的角度及觀念。

(4) 轉型沒有終點

家樂福過去幾年來，在賣場型態大幅改革轉型，未來仍將持續變化，此種變革是沒有終點的。唯有變，才能生存於未來。

(5) 未來，是消費者的世界

家樂福認為未來擁有通路雖然很重要，但更重要的是擁有消費者，沒有消費者，一切都是空談，未來將是消費者的世界。

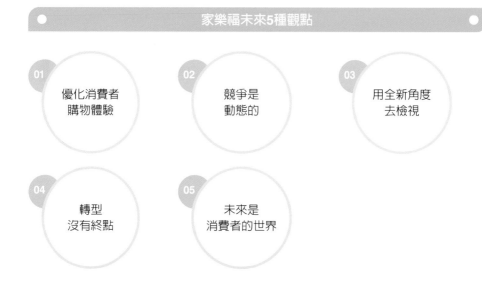

8. 關鍵成功因素

總結來說，臺灣家樂福的成功，主要關鍵因素有下列8點：

(1) 具有一站購足特點！能滿足消費者購買生活所需的需求性。

(2) 低價。家樂福與全聯超市近似，都是在比誰能推出低價商品競爭力。

(3) 競爭對手不多。嚴格來說，量販店必須要大的坪數才能經營，也要有足夠財力支持才行，目前家樂福面對大潤發及愛買的競爭性不高。

(4) 3種店面型態，具多元化。目前家樂福有大型店、超市及網購3種型態，具有線上及線下整合兼具的好處，對消費者很方便。

(5) 目標客層為全客層。家樂福的目標客層有家庭主婦、有上班族，有男性、有女性、有小孩，也有銀髮族，目標客層為全客層，非常寬廣，有利業績提升及鞏固。

(6) 定位正確。家樂福大賣場的定位在1,000坪以上空間、大型、品項4萬項以上、具一站購足的定位角色很明確及正確。

(7) 品質控管嚴謹。家樂福賣的大多是和吃有關，因此特別重視食品安全及品質控管的嚴謹度。

(8) 發展自有品牌。家樂福20年來，已不斷精進改善自有品牌的品質及形象，獲得大幅改善，未來成長空間將很大。

01	02	03	04
消費者能夠一站購足	低價	競爭對手不多	3種多元化的店面型態

05	06	07	08
目標客層為全客層	定位正確	品質控管嚴謹	發展自有品牌成功

您今天學到什麼了？
── 重要觀念提示 ──

1. 零售業發展3種不同店型模式，滿足消費者便利性需求！
2. 企業應秉持會員／顧客至上信念，提出對顧客的完美服務承諾！並100%貫徹落實它！
3. 零售業發展自有品牌的成功性很高，而且可帶來多重效益，是正確的策略方向！
4. 零售業必須不斷的優化消費者美好購物體驗，這才是與電商（網購）競爭的好武器！
5. 企業的競爭是動態的，不是靜態的，因此，必須時刻保持警惕心並做好應變準備！
6. 未來，必是消費者的世界，企業必須更洞悉消費者、更滿足消費者需求，更以消費者為念！

經　營　關　鍵　字　學　習

❶ 優化消費者購物體驗！
❷ 競爭是動態的！
❸ 轉型沒有終點！
❹ 用全新的角度去檢視一切！
❺ 未來，是消費者的世界！
❻ 一站購足的需求（One-stop-shopping）！
❼ 零售業自有品牌（PB產品，Private Brand）！
❽ 確保食安問題！
❾ 展現差異化特色！
❿ 多元化營運模式並進！
⓫ 信守服務承諾！
⓬ 低價策略！
⓭ 服務全客層！
⓮ 定位正確！
⓯ 品質控管嚴謹！

問題研討

❶ 請討論家樂福的三大承諾為何？
❷ 請討論家樂福提供哪3種不同店型？為什麼？
❸ 請討論家樂福的自有品牌發展如何？
❹ 請討論家樂福的好康卡如何？
❺ 請討論家樂福的4項經營策略為何？
❻ 請討論家樂福對未來經營的5種觀點為何？
❼ 請討論家樂福的成功關鍵因素為何？
❽ 總結來說，從此個案中，您學到了什麼？

1. 堅持低價、便宜、微利、省錢、便利

　　全聯福利中心是國內第一大超市及第二大零售公司，其營收額僅次於統一超商（7-11）。該公司林敏雄董事長所堅持的最重要經營理念，即是：堅持利潤只賺2%，售價比別家便宜10%～20%。完全以照顧消費者為最高方針，其品質也不打折扣，此理念甚得眾多產品供應商的支持。

全聯為臺灣第一大超市

全臺1,200店

全年營收額
1,700億元

1,100萬人
辦福利卡

打造臺灣
第一大超市

打造臺灣第二
大零售業，僅
次於7-11

---

2. 臺灣第一大超市通路

　　全聯的前身即是軍公教福利中心，後來經營不好，轉給全聯接手營運；2024年，全聯超市總店數已突破1,200家店，年營收額也突破1,700億元，超越家樂福量販店的800億元，僅次於統一超商的1,900億元營收。

　　全聯在短短20多年之間，即超越1,200家店，已成為重大的進入門檻，其他競爭對手想要進入做超市經營，已經沒有可能性了，因為進入門檻太高了，必須花費好幾百億元才能進入，而且不一定會成功，臺灣已經沒有超市這種空間了。

3. 全聯快速成功的二大關鍵

　　全聯在短短20多年間能夠成為超市巨人，其成功二大關鍵為：

一是該公司發展方向正確。該公司相信規模力的重要性，因此投入大量人力及財力，加速進行門市店家版圖的擴張，門市店家數量多了，銷售量自然上升，供應商必然就會來了，解決產品力的問題。

二是該公司團隊協力合作，不管是第一線展店人員或是後勤支援人員，全部都投入展店工作，大家一起團隊合作。

4. 價格是紅色底線

全聯林敏雄董事長有一條不可挑戰的紅色底線，那就是價格必須低價，利潤只要2%就好，因此，售價不會太高。這也必須要供應商拉低供貨價格配合才行。因此，全聯都是採取寄賣方式，但每月結帳，結帳付款採用現金匯款，而不是一般零售業採用3個月才到期的支票，最後終於獲得供應商的信賴。

另外，全聯商品部也有一支查價部隊，每天要查核零售同業的價格，確保全聯價格一定是最低的或平價的。

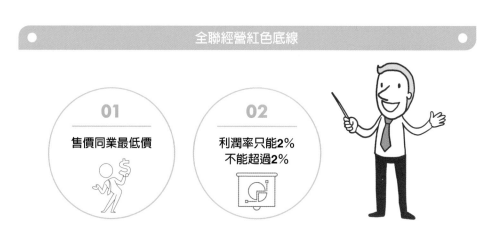

5. 快速展店祕訣

全聯有一套快速展店祕訣。

一是從中南部鄉鎮包圍都市，當時，中南部租金便宜，而且空間坪數大，可以成為超市，就從中南部起家。

二是透過併購快速成長。2004年併購桃園地區的楊聯社22家超市，2016年併購味全的松青超市66家。

6. 投入生鮮門市

全聯在2006年時發現，只做乾貨的營收額不可能再成長，因為消費者不可能每天買衛生紙、洗髮精；之後又參考日本成功的超市，都是要兼賣生鮮產品（即賣肉類、魚類、蔬菜、水果、冷凍食品）。

因此，在2006年收購日系善美的超市，引進生鮮人才；又在2007年收購臺北農產運銷公司，學習蔬果物流。2008年正式進入生鮮門市店。目前，全聯在全臺已打造各三座魚肉及蔬果物流中心。投入生鮮門市後，全聯的每日營收也快速增加了。

7. 與廠商生命共同體

全聯的成功元素之一，供貨廠商很重要，供貨廠商能夠以低價、優良品質的產品供應給全聯超市，使全聯的產品系列有好的口碑。此外，供貨商也常配合全聯經常性的促銷活動，提供更低、更優惠的特價活動，也成功拉升全聯及供貨商的業績成果。此均顯示全聯與廠商是生命共同體。

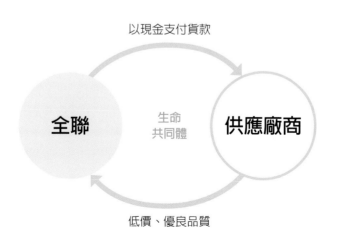

8. 全聯行銷學

　　2006年起，全聯才開始與奧美廣告公司合作，拍攝廣告片，那時開始出現「全聯先生」的廣告角色，並且喊出「便宜一樣有好貨」的經典廣告金句，一時引起熱議，「全聯」名字成為全國性知名品牌。

　　2015年，全聯推出「經濟美學」，喊出節省、時尚的觀念，又打響全聯的品牌好感度。

　　此外，全聯也推出各項「主題行銷」，例如：咖啡大賞、衛生棉博覽會、健康美麗節等，提出各類產品的低價特惠活動。

　　2017年，全聯推出「集點行銷」活動，以集點換購德國著名的廚具鍋子，引起很大成功，拉升營業額。

　　此外，全聯在每年重大節慶，例如：週年慶、年中慶、中元節、母親節、父親節、中秋節、端午節、清明節等，也都有推出大型節慶促銷活動，都非常成功。

9. 全聯人才學

　　林敏雄董事長對全聯的人力資源管理，有以下幾項原則：

⑴ 信任員工，充分授權。

⑵ 看人看優點，把人才放在對的位置上。

⑶ 大量僱用二度就業婦女。

⑷ 肯學習、有成長，就會有晉升機會。

⑸ 將成功歸功於全體努力員工的身上。

⑹ 學歷不是很重要，要肯投入、要肯用心、要隨公司一起成長最重要。

全聯人才

信任員工
充分授權

＋

看人看優點，
把人才放在對
的位置

＋

肯學習、有成
長，就給晉升
加薪機會

10. 總結：成功關鍵因素

總結來說，全聯能夠快速成為國內第一大超市，歸納它的成功關鍵因素有以下11點：

⑴ 快速展店的正確經營策略。

⑵ 同業的競爭壓力當時不算太大，那時的頂好超市還不強大。

⑶ 擁有很用心、肯努力、有團結心的人才團隊與組織。

⑷ 供貨廠商全力的信賴與配合。

⑸ 低價政策！只賺2%的獲利政策！薄利多銷！

⑹ 定位明確、正確。

⑺ 能站在消費者立場去思考、去經營，以滿足顧客的生活需求。

⑻ 全臺1,200店，解決顧客的便利性需求，不像量販店及百貨公司需要開車或騎車去購物。通路密集在各大社區巷弄內。

⑼ 乾貨＋生鮮的產品系列，可以使顧客一站購足。

⑽ 全聯20多年千店經營，已建立起堅固的進入門檻，未來新進入者已很難有立足機會。

⑾ 行銷廣告宣傳出色、成功！

全聯成功11項關鍵要素

01 快速展店策略

02 同業競爭壓力當時不是太大

03 擁有認真的工作團隊

04 供貨廠商全力信賴與配合

05 低價政策

06 定位明確

07 滿足顧客需求

08 全臺1,200店，具便利性

09 顧客可一站購足

10 建立高進入門檻

11 行銷廣告宣傳成功

您今天學到什麼了？
—— 重要觀念提示 ——

① 堅持利潤率只賺2%，其他的全部回饋給消費者，這是偉大的高階經營理念！

② 企業連鎖經營要快速展店，通路為王，才能打造進入高門檻，別人難以競爭！

③ 公司高階必須訂下正確的未來發展方向，然後團隊協力去做，必會成功！

④ 零售百貨業經營，必須與供貨廠商建立生命共同體，彼此配合，並且互利互榮，才能長久！

⑤ 全聯先生電視廣告的成功，打響了全聯知名度！

⑥ 高階經營者要信任員工，充分授權、把人用在對的地方、給他成長機會、給他晉升及加薪。

經營關鍵字學習

1 堅持低價、便宜、微利、省錢、便利！
2 願景目標：全臺第一大超市通路！
3 建立進入門檻，阻絕競爭對手！
4 必須確認公司整體發展方向正確！
5 加速展店！
6 價格是紅色底線！
7 通路為王！
8 利潤率只能2%政策！
9 透過併購快速成長！
10 與供貨廠商建立生命共同體！
11 廣告金句：「便宜，一樣有好貨」！
12 集點行銷！
13 主題行銷！
14 電視廣告成功打出全國知名度！
15 信任員工，充分授權！
16 看人看優點！
17 把人才放在對的位置上！
18 員工跟著公司一起成長！

問題研討

1 請討論全聯成功的11項要訣為何？
2 請討論全聯經營的根本原則為何？什麼是紅色底線？
3 請討論全聯為何能贏得供應商的信賴？
4 請討論全聯快速展店的祕訣？
5 請討論全聯為何要投入生鮮門市？
6 請討論全聯的行銷操作有哪些？
7 請討論全聯的人才學為何？
8 總結來說，從此個案中，您學到了什麼？

1-3 統一超商：全臺最大零售龍頭的經營祕訣

1. 卓越經營績效

2024年度，統一超商本業的年營收額超越1,900億元，本業年度獲利110億元，獲利率為6%，全臺總店數突破7,100店，遙遙領先第二名的全家4,200店。

2. 統一超商的六大競爭優勢

統一超商之所以成為臺灣便利商店的龍頭地位及第一品牌，並且遙遙領先競爭對手，主要是它多年來創造了以下六大競爭優勢：

(1) 提供便利、快速、安心、滿足需求的全方位商品力。

(2) 它建立了完善、合理、雙贏、互利互榮的最佳加盟制度。

(3) 它具有實力堅強的展店組織及人力，快速展店。

(4) 它建立完整、強大的倉儲與物流體系；能夠及時配送全臺7,100多家店面的補貨需求。

(5) 它有先進、快速的資訊科技與銷售數字情報系統。統一超商過去投資數十億元在建立這種自動化、電腦化、資訊化的軟硬體系統。

(6) 它引進多元化、便利性的各種服務機制。例如：繳交各種收費、ibon的數位服務機器、ATM提款機等，對顧客具有高度便利性。

統一超商六大經營優勢			
01	創新生活型態	04	強大的展店能力
02	便利且安心的商品	05	完善的物流體系
03	完善的加盟制度	06	先進的資訊情報系統

3. 統一超商六大核心能力

統一超商的穩健不敗經營，並且不斷向上成長，它有六大核心能力，使它立於不敗之地，這六大核心能力是：

⑴ 訓練有素且服務良好的人才。

⑵ 商品：完整、齊全、多元、創新的各式各樣商品。

⑶ 店面：擁有7,100多家門市店，具有標準化又有特色化、大店化的店面發展。

⑷ 物流與倉儲：在北、中、南擁有全臺及時物流配送能力。

⑸ 制度：具備門市店標準化、一致性經營的SOP制度及管理要求。

⑹ 企業文化：統一超商具有勤勞、務實、用心、誠懇與創新的優良企業文化，這是它發展的根基。

4. 統一超商的行銷策略

統一超商擅長於做行銷，其主要重點如下：

⑴ 電視廣告

統一超商每年投入電視廣告約達3億元，主要為產品廣告及咖啡廣告；這些巨大的廣告投放，也累積出7-11的品牌聲量及認同感。

⑵ 代言人

統一超商最成功的代言人即是City Cafe的桂綸鎂；該代言人連續代言10多年之久，顯示具有正面效益。City Cafe每年銷售3億杯，一年創造135億元營收，非常驚人。

(3) 集點行銷

統一超商最早期率先引進Hello Kitty的集點行銷操作，非常成功，有效提升業績。

(4) 主題行銷

統一超商每年固定會推出「草莓季」、「母親節蛋糕」、「過年年菜」、「中秋月餅」、「端午粽子」等各式各樣的主題行銷活動，帶動不少業績成長。

(5) 促銷優惠

統一超商貨架上，經常看到第二件六折、買二送一、第二杯半價等各式促銷活動，有效拉抬業績成長。

5. 8項關鍵成功因素

總結歸納來說，統一超商30多年來的成功及成長，主要根源於下列8項因素：

(1) 不斷創新！持續推出新產品、新服務、特色店。

(2) 通路據點密布全臺，帶給消費者高度便利性。

(3) 堅持產品的品質及安全保障，從無食安問題。

(4) 物流體系完美的搭配。

(5) 數千位加盟主全力的奉獻及投入。

(6) 7-11品牌的信賴度及黏著度極高。

⑺ 行銷廣宣的成功。

⑻ 定期促銷，吸引買氣。

統一超商8項關鍵成功因素

01
不斷創新！持續推出新產品、新服務、特色店

02
通路據點密布全臺！消費者高度便利

03
堅持產品高品質及安全

04
物流體系完美搭配

05
數千位加盟主全力奉獻投入

06
7-11品牌信賴度及黏著度很高

07
行銷廣宣成功

08
不斷促銷，吸引買氣

您今天學到什麼了？
—— 重要觀念提示 ——

① 加盟零售業一定要做到互利互榮，才能長久壯大下去！
② 連鎖服務業如果資金許可，必須做到快速展店，占地為王、通路為王，才能快速達成規模經濟效益！
③ 強大與及時的物流體系是零售業的必備條件！
④ 建立IT資訊系統，才能使企業營運與情報系統順利上線，提高效率！
⑤ 透過SOP（標準作業流程），才能加速擴大門市店家經營規模！
⑥ 人、店、商品、物流、制度、企業文化是零售業的六大核心能力所在！
⑦ 不斷創新，才能領先競爭對手！
⑧ 企業要贏，一定要打造出屬於自己的核心能力與競爭優勢！

經 營 關 鍵 字 學 習

1. 不斷創新，才能領先！
2. 物流體系！
3. 品牌信賴度！
4. 行銷廣宣成功！
5. 定期促銷，吸引買氣！
6. 競爭優勢！經營優勢！
7. 核心能力！
8. 堅強展店團隊！
9. 強大物流體系！
10. IT資訊系統！
11. 完善加盟制度！
12. 完整、多元產品線！
13. 特色化、大店化發展策略！
14. 勤勞、務實企業文化！
15. 電視廣告！
16. 代言人行銷！
17. 集點行銷！
18. 主題行銷！
19. 通路據點密布！
20. 行銷廣宣成功！

問題研討

1. 請討論統一超商卓越的經營績效如何？
2. 請討論統一超商的六大經營優勢為何？
3. 請討論統一超商的行銷操作為何？
4. 請討論統一超商的8項關鍵成功因素為何？
5. 請討論統一超商的六大核心能力為何？
6. 總結來說，從此個案中，您學到了什麼？

1-4 統一超商：臺灣最大的鮮食便當連鎖店

1. 鮮食銷售成績

統一超商一年在鮮食類產品的銷售金額高達570億元，占全年收入的30%之高，其主要成績如下：

- ·便當：一年賣2億個。
- ·御飯糰：一年賣1億個。
- ·City Cafe：一年賣3億杯。
- ·關東煮：一年賣7億個。
- ·茶葉蛋：一年賣7,000萬顆。
- ·麵包：一年賣1億6,000萬個。

統一超商已成為臺灣最大廚房，其鮮食營收570億元是上市王品公司業績的3倍之多。

統一超商鮮食類一年銷售570億元（便當、三明治、御飯糰、關東煮）

→

- ·占年營收30%
- ·主要獲利來源
- ·穩定年營收

2. 外食機會變多

臺灣外食機會變多的主要原因：一是現在都是小家庭居多，自己做菜開伙機會少，都是在外面解決三餐的。二是廣大1,000萬人口的上班族，早餐及午餐經常在公司附近的餐廳或便利商店消費。在上述二大原因之下，外食機會變多，而且市場規模也越來越大。

3. 取經日本

日本鮮食供應鏈發展非常成熟，其上游供應商也會經常來提案，整個便利商

店的1/3空間，幾乎都是陳列鮮食便當，樣式非常多元化、美味化、創新化。反觀臺灣，早期便利商店非常辛苦，都要教導這些上游供應商們如何開發、如何製作、口味如何、以及如何創新。

　　早期，統一超商甚至派人赴日本超商店內購買便當回臺灣來試吃，然後模仿、學習，如今已追上日本超商的鮮食水準了。

4. 直營生產＋委外生產

　　統一超商現在共計有11個全國各地的鮮食廠，其中：

(1) 在臺北、臺南、高雄、花蓮等4個地區是自己設廠，直接生產供應。

(2) 在基隆、桃園、彰化等3個地區是委託聯華食品公司生產提供。

(3) 另外，還有4家在各地區委外生產。除了全臺11個鮮食廠外，統一超商在全臺也有12個低溫配送物流中心，供應全臺7,100家門市店的鮮食。這些鮮食廠主要是生產便當、御飯糰、壽司、三明治、漢堡等。

　　統一超商對自己或對供應商，都有很嚴謹的供應商管理辦法及品質管控作業細則規定等；長期以來，統一超商對食安問題都管制得很好，生產幾億個便當都沒有發生食安問題，其品質獲得幾百萬消費人口的肯定及信賴。

5. 新品上市

　　統一超商的鮮食便當每個約70元～110元之間，御飯糰每個約30元～60元之間，下列為近期新產品：

　　三起司烤雞義大利麵、烤雞起司肉醬焗飯、一鍋燒日式親子丼、雙蔬鮪魚飯糰、新極上飯糰帝王鮭……等。

　　統一超商的鮮食策略，就是從好食材、好配菜及與名店聯名策略著手。

6. 關鍵成功因素

　　統一超商經營鮮食類產品的成功因素，共計有下列7項因素：

(1) 能不斷開發新口味，不斷創新求變。

(2) 品質控管嚴格，長期均無食安問題。

(3) 鋪貨7,100店，購買方便。

(4) 當日物流配送，提高新鮮度。

(5) 早期借鏡日本鮮食便當的配菜及口味。

(6) 外在環境成熟，外食商機大幅成長。

(7) 鮮食供應鏈的扎實建立。

統一超商鮮食成功7項因素

不斷開發新口味，創新求變

1

品質保證無食安

2

鋪貨7,100店，購買方便

3

當日物流配送，很新鮮

4

早期借鏡日本

5

外在環境成熟，外食商機大幅成長

6

建立鮮食供應鏈

7

您今天學到什麼了？
── 重要觀念提示 ──

① 統一超商一年在鮮食類產品的銷售額達570億元之多，超越很多公司的營收額，值得讚嘆！

② 統一超商掌握了消費者外食機會增多的新商機，因此，任何企業如何觀察、分析、應對、掌握外部大環境變化的新商機，這是很重要的觀念！

③ 統一超商剛開始也是取經日本的發展經驗，因此，企業經營必須借鏡先進國家的做法，才能發展成功！

④ 統一超商對自己及對外包供應商製作鮮食產品的要求細則相當多，就是為了食安問題；此種注重細節、要求嚴格品質的做法及精神，值得所有企業學習！

經 營 關 鍵 字 學 習

1. 鮮食產品占全年收入30%！
2. 全臺最大便當及咖啡公司！
3. 外食機會變多！
4. 外食市場規模變大！
5. 取經自日本！
6. 鮮食供應鏈！
7. 直營生產＋委外生產！
8. 嚴謹供應商管理制度！
9. 品質管控作業細則！
10. 做好食安！確保品質！
11. 新品上市！
12. 不斷開發新口味！
13. 物流即時配送！保持新鮮！
14. 外部環境成熟了！

問題研討

1. 請討論統一超商鮮食類的銷售成績如何？
2. 請討論臺灣的外食商機如何？
3. 請討論統一超商鮮食產品的生產據點及物流據點如何？
4. 請討論統一超商鮮食類的成功因素有哪些？
5. 總結來說，從此個案中，您學到了什麼？

1-5 COSTCO（好市多）：臺灣第一大美式量販店經營成功祕訣

1. 大型批發量販賣場的創始者

　　美國好市多全球大賣場計有870家店，全球收費會員總數超過1億人，是全球第二大零售業公司，僅次於美國的Walmart（沃爾瑪）。

　　好市多於1997年，即20多年前來臺灣，首家店開在高雄，目前全臺有14家店，都是大型賣場。其為臺灣第一大美式量販店，目前會員總數全臺為400萬人，年營收達1,200億臺幣，與家樂福非常接近，二者可說是臺灣前二大的量販店大賣場。

2. 好市多的商品策略

　　根據好市多的官網顯示，好市多的優良商品策略，有以下4點：（註1）

⑴ 選擇市場上受歡迎的品牌商品。

⑵ 持續引進特色進口新商品，以增加商品的變化性。

⑶ 以較大數量的包裝銷售，降低成本並相對增加價值。

⑷ 商品價格隨時反映廠商降價或進口關稅調降。

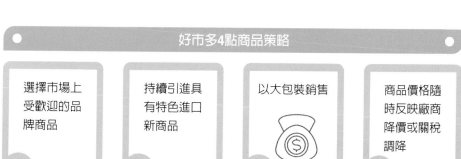

好市多4點商品策略

選擇市場上受歡迎的品牌商品	持續引進具有特色進口新商品	以大包裝銷售	商品價格隨時反映廠商降價或關稅調降
1	2	3	4

3. 毛利率不能超過12％！為會員制創造價值

　　好市多美國總部有規定，各國好市多的銷售毛利率不能超過12％，而以更低售價，反映給消費者。一般零售業，例如：臺灣已上市的統一超商及全家的損益表毛利率，一般都達30％～35％之高，但全球的好市多，毛利率只限定在12％；這種低毛利率反映的結果，就是它的售價會因此更低，而回饋給消費者。

　　那麼，好市多要賺什麼呢？好市多主要獲利來源，就是賺會員費收入；例如：臺灣有400萬會員，每位會員的年費約1,350元，則400萬會員乘上1,350元，全年會員費淨收入，就高達54億元之多，這是純淨利收入。能靠會員費收入的，全球僅有好市多一家而已，足見它是相當有特色及值得會員付出年費。好市多的訴求，則是如何為消費者創造出收年費的價值。亦即，好市多能讓顧客用最好、最低的價格，買到最好的優良商品以及其他賣場不易買到的進口商品。

　　好市多的臺灣會員卡，每年續卡率都高達90％，這又確保了每年54億元的淨利潤來源。

臺灣好市多會員卡一年淨收入達54億元

・會員人數400萬人
・每人每年繳交1,350元

全年會員費
淨收入達54億元

4. 好市多幕後成功的採購團隊

　　臺灣好市多經營成功的背後，即是有一群高達80多人的採購團隊，他們是從全球10多萬品項中，挑選出4,000種優良品項而上架販賣。臺灣好市多採購團隊的成功，有4點原因：

　　⑴ 這80多人都具有多年商品採購的專業經驗。

　　⑵ 他們從臺灣本地及全球各地去搜尋適合臺灣的好產品。

　　⑶ 任何產品要上架，他們都要經過內部審議委員會多數通過後，才可以上架。因此，有嚴謹的機制。

(4) 他們站在第一線，以他們的專業性及敏感度為顧客先篩選，選出好的且適合的才上架。

好市多採購團隊四大成功原因

1	2	3	4
具有相當專業經驗	從臺灣及全球搜集最適合產品	有嚴謹商品審議會流程機制	站在顧客立場，為顧客選出優質產品

5. 以高薪留住好人才

臺灣好市多每家店約僱用400人，全臺14家店約僱用5,000多人，其中有8成第一線現場人員是採用時薪制，好市多給他們的薪水相當不錯，以每週工作40小時計，每月的薪水可達到4萬元之高，比外面同業的3萬元薪水，要高出3成之多。另外，臺灣好市多也用電腦自動加薪，每滿一年就按制度自動加薪，都是標準化、自動化的，不會用人工，以免疏漏。

臺灣好市多認為，給員工最好的待遇，就是直接留住人才的最好方法。這是好市多在人資做法上的獨到之處。

6. 企業文化鮮明

臺灣好市多遵從美國總部的理念，它有四大企業文化，就是：(1)守法；(2)照顧會員；(3)照顧員工；(4)尊重供應商。

好市多四大企業文化

守法 ➕ 照顧會員 ➕ 照顧員工 ➕ 尊重供應商

7. 販賣美式商場的特色

臺灣好市多的最大特色，就是它跟臺灣的全聯、家樂福大賣場都不太一樣，好市多是販賣美式文化、美式商場的氛圍，而全聯及家樂福則是本土化感覺。

好市多全賣場僅約4,000品項，家樂福則為4萬品項，但好市多品項有4成都是從美國進口來臺灣的，美式商品的感受很濃厚，這是它最大特色。

8. 關鍵成功因素

臺灣好市多經營20多年來，已成為國內成功的大賣場之一，歸納其關鍵成功因素，有下列7點：

⑴ 商品優質，且進口商品多，有美式賣場感受

臺灣好市多的商品，大多經過採購團隊嚴格的審核及要求，因此，大多是品質保證的優良商品，而且進口商品，有美式賣場感受，與國內其他賣場有明顯不同及差異化特色，吸引不少消費者長期惠顧。

⑵ 平價、低價，有物超所值感受

臺灣好市多毛利率只有12%，相對售價就較低，因此，到好市多購物就有平價、低價的物超所值感受，而這就是每年付1,350元的權益。

⑶ 善待員工，好人才留得住

臺灣好市多以實際的高薪回饋給第一線員工，並有其他福利等，如此善待員工，終於留得住好人才；而好人才也為好市多做更大的貢獻。

⑷ 大賣場布置佳，有尋寶快樂購物感覺

由於是美式倉儲大賣場的布置，因此視野寬闊，進到裡面有種尋寶快樂購物的感覺，會演變成再次習慣性的購物行為。

⑸ 保證退貨的服務

好市多推出只要商品有問題，就一律退貨的服務，也帶來好口碑。

⑹ 會員制成功

臺灣好市多成功拓展出400萬名繳交年費的會員，一年有54億元收入，成為好市多最大利潤的來源，因此，它可以用低價回饋給會員，創造會員心目中年費的價值所在。因此，好市多就不斷努力在定價、商品及服務上，創造出更多、更好的附加價值，回饋給顧客，形成良性循環。

(7) **賣場兼用餐的地方**

每個好市多賣場，除了賣東西之外，也有美式速食的用餐地方，方便顧客肚子餓了，有可以吃東西的地方，這也是良好服務的一環，設想周到。

臺灣好市多成功七大因素

| 01 | 02 | 03 | 04 |
| 商品優質且進口商品多 | 低價，有物超所值感 | 善待員工，好人才留得住 | 大賣場有尋寶購物快樂感受 |

| 05 | 06 | 07 |
| 保證退貨服務 | 會員制成功 | 賣場兼有用餐的地方 |

9. 核心理念與價值

根據好市多臺灣區的2019年秋季版會員生活雜誌，提到好市多的三大核心理念與價值如下：（註2）

(1) **對的商品**

每一個品項都是我們的明星商品

我們所販售的商品與服務，都是為了使會員的生活更豐富、愉快，更重要的是，我們推出能讓會員感到滿足的品項，能夠進入好市多賣場等待上架的商品，皆經過一番嚴格篩選，才能夠登上賣場的舞臺，因此每一項商品都是我們的明星商品。

(2) **對的品質**

貫徹到底的品質控管

我們的採購團隊會到商品的製造場所確認品質，也會從勞工、原物料、勞動環境、衛生狀態等多方考慮、調查，如果未能達到好市多品質控管的標準，無論

是市面上再熱門的商品，在對方徹底改善之前，我們都不願上架銷售。如此嚴格的標準，也代表我們對會員的責任。

⑶ 對的價格

盡可能的低價

在設定銷售價格時，我們首先考慮的絕不是如何獲利的計算方法。確保了對的商品與對的品質之後，我們才會開始評估進貨成本，包括：生產者的堅持與講究、商品的運輸成本、在市場上的品質優勢、與其他競爭廠商的價格比較，以及所有相關人員的付出來做出評價，藉此設立最適當的價格。

好市多三大核心理念

對的
商品

對的
品質

對的
價格

（註1）此段資料來源，取材自臺灣好市多官網（www.costco.com.tw）。

（註2）此段資料來源，取材自臺灣好市多會員生活雜誌，2019年秋季版，頁21。

您今天學到什麼了？
── 重要觀念提示 ──

1 全球唯一一家採收費會員制可以成功的，只有好市多（COSTCO）！
2 好市多的三大核心理念，就是：用對的商品、對的品質、對的價格，提供給消費者！
3 好市多大賣場讓消費者有尋寶快樂的體驗感覺！
4 零售百貨業必須選擇市場上受歡迎品牌且具特色的商品給顧客！
5 零售百貨業應該努力控制毛利率，為會員顧客創造可感受到的價值，並回饋給會員顧客！
6 零售百貨業應站在顧客立場，以最好的價格、最優質商品及別的賣場買不到的商品，提供給顧客！
7 零售百貨業必須組建強大的商品採購團隊，才能打造出賣場強大的商品力！

經 營 關 鍵 字 學 習

1 以高薪留住好人才！
2 建立電腦自動加薪制度！
3 打造優良企業文化、組織文化！
4 販賣美式商場特色！
5 平價、低價、物超所值感受！
6 善待員工、照顧員工！
7 保證退貨制度！
8 收費會員制的成功！
9 續卡率達90％！
10 增加賣場尋寶購物體驗感受！
11 貫徹到底的品質控管！
12 強大採購團隊！
13 每一個品項都是我們賣場的明星商品！
14 商品審議委員會！
15 為會員顧客創造高附加價值！

問題研討

1. 請討論好市多的商品策略為何？
2. 請討論好市多為何毛利率不能超過12%？
3. 請討論好市多的會員卡有多少人？年收費多少？消費者為何願付年費？
4. 請討論好市多的採購團隊狀況如何？
5. 請討論好市多如何留住好人才？
6. 請討論好市多的成功關鍵因素為何？
7. 請討論好市多三大核心理念與價值為何？
8. 總結來說，從此個案中，您學到了什麼？

1-6 新光三越百貨：臺灣百貨之首的改革創新策略

1. 面對四大挑戰

國內百貨公司近幾年來，有了很大變化，主要是面對下列四大挑戰：

⑴ 面對電商（網購）瓜分市場的強烈競爭壓力。尤其，電商業者在網路上的商品品項多、超取及宅配快速到家，以及價格較低，受到年輕消費者的歡迎。

⑵ 面對快時尚服飾品牌的強烈競爭，例如：像UNIQLO、Zara、H＆M等瓜分不少百貨公司二樓服飾專櫃的生意。

⑶ 面對國內連鎖超市、連鎖大賣場、連鎖3C店及連鎖美妝店大幅展店而瓜分市場的不利影響。

⑷ 面對近幾年國內經濟成長緩慢，景氣衰退，買氣也縮小之影響。

國內百貨面對四大挑戰

面對電商瓜分市場的挑戰	面對快時尚服飾品牌的競爭	面對各連鎖賣場的擴大競爭	面對國內經濟景氣的遲滯
01	02	03	04

---

2. 因應的六大應對策略

新光三越身為國內百貨公司的龍頭老大，其應對外部挑戰的六大策略，如下：

⑴ 重新定位及區隔

新光三越百貨面對外部環境的巨變及競爭壓力，展開了重新定位及區隔：

・總定位：不再是純粹買東西的百貨公司，而是提供顧客體驗美好生活的平臺與中心（Living Center）。

．臺北信義區4個分館的區隔定位：

　　① A11館：以年輕族群為對象。

　　② A9館：以餐飲為主力。

　　③ A8館：以全家庭客層為對象。

　　④ A4館：精品館。

⑵ 擴大餐飲美食，變成百貨公司最大業種

　　餐飲是可以吸引消費者上百貨公司的主要業種，因此，新光三越在改裝上，就刻意擴大餐飲美食的坪數，目前它的營收額已超越一樓化妝品及精品類，成為百貨公司內的最大業種別，營收占比已達25％之高。

⑶ 多舉辦活動及劇場

　　新光三越為吸引人潮到百貨公司，因此，近年起，每年舉辦超過數十場次的舞臺劇、表演工作坊及大大小小的展覽活動等；事實證明達到了效果。

⑷ 空間設計創意突破

　　新光三越把二樓天橋連接4個館，將每個百貨公司的牆面打開，並設立新專櫃，讓往來行人能一眼看到館內的品牌商品陳列，而非過去冷冰冰的玻璃，提高消費者入門誘因及觀賞，不只是路過而已。

⑸ 打破一樓專櫃邏輯

　　過去一樓都是化妝品及精品的專櫃陳列，現在則是改為汽車展示、咖啡館、快閃店等突破性做法。

⑹ 驚喜打卡活動

　　例如：在耶誕節，新光三越與LINE FRIENDS合作，布置17公尺超大型耶誕樹，吸引人潮打卡上傳IG及FB，以吸引年輕人潮，及做好社群媒體口碑宣傳。

新光三越六大應對策略

1 重新定位及區隔　　　　**4** 空間設計創意突破

2 擴大餐飲美食的占比　　**5** 打破一樓專櫃邏輯

3 多舉辦活動及劇場以吸引人潮　**6** 驚喜打卡活動

3. 面對臺北信義區14家百貨公司的高度競爭看法

新光三越高階主管面對前述四大挑戰，以及臺北信義區面對14家百貨公司高度競爭之下，對未來前景有如下意見：

⑴ 若追不上顧客需求，就會被淘汰。

⑵ 雖面對競爭，但可以把市場大餅共同做大。

⑶ 競爭也會帶進更多人潮，市場總規模產值會更成長。

⑷ 不怕競爭，隨時要機動調整改變。

⑸ 要快速求新求變，滿足顧客的需求。

⑹ 要加速改革創新的速度，走在最前面，超越市場挑戰。

⑺ 重視第一線銷售觀察，精準掌握顧客需求。

您今天學到什麼了？
── 重要觀念提示 ──

❶ 當企業面臨嚴重困境時，必須思考重新定位！定位在一個可以活下去的生存環境中！

❷ 哪一種可以吸引消費者的業種，就是百貨業者必須加速引進的！消費者的真正需求，才是做決策的根本思維！

❸ 當百貨零售業面對困難，一定要從軟體與硬體思考如何改造，才能吸引消費者上門！

❹ 在激烈變動的環境中，若追不上顧客需求，就會被淘汰！

❺ 企業經營要不怕競爭，隨時要機動調整及改變！

❻ 要快速求新、求變、求更好，才能突破危機！

❼ 零售百貨業必須組建強大的商品採購團隊，才能打造出賣場強大的商品力！

經 營 關 鍵 字 學 習

1. 面對挑戰！
2. 應對策略！
3. 隨時應變！
4. 唯快不破！
5. 求新、求變、求更好！
6. 改變定位！重新定位！
7. 市場區隔！
8. 打破傳統邏輯！
9. 面對困境，要有新思維！新做法！
10. 若追不上顧客需求，就會被淘汰！
11. 共同把市場大餅做大！
12. 不怕競爭，隨時要機動、調整、改變！
13. 滿足顧客變化中的需求與想望，是企業致勝的根本核心！

問題研討

1. 請討論國內百貨公司面對哪四大挑戰？
2. 請討論新光三越有哪六大應對策略？
3. 請討論新光三越面對臺北信義區有14家百貨公司的高度競爭下，有何看法？
4. 總結來說，從此個案中，您學到了什麼？

1-7 SOGO百貨：日本美食展經營的成功祕訣

1. 日本美食展龍頭老大

臺北SOGO百貨原來每年舉辦春、秋二季日本美食展，因為太成功，應顧客要求，已增至春、夏、秋一年三季日本美食展，30年來已做出口碑及人氣，廣受顧客歡迎及喜愛；每次展示業績已從4,000萬元成長到7,000萬元，成為SOGO百貨獲利來源之一，也是國內各大百貨商場舉辦日本美食展的龍頭老大。

SOGO百貨每次舉辦日本美食展，總會使盡全力找到日本當地美味商品的一線廠商及好東西進到臺灣SOGO百貨來展示並銷售，很多產品都是季節限定與SOGO限定產品。

而在顧客端方面，幾十年來，SOGO的此種展示，亦吸引了數十萬人次到現場試吃及購買；特別是很多喜愛日本美食的老顧客，經常會回流來訂購，這已經穩固了每次展示的基本業績，此即稱為「熟客效應」。

SOGO日本美食展邀日本一線廠商參展

| 1 邀日本一線廠商參展 | + | 2 熟客效應 | = | 一年成功舉辦春、夏、秋3檔期美食展 |

2. 選品「夠專、夠全、夠新」

SOGO百貨早在展前3至4個月，營業部門就要提前開始做招商規劃；尤其，每年都要引入2成～3成的新商品，才能使顧客保有新鮮感，同時，也要趁此機會，淘汰掉同比例業績不佳的日本廠商。

SOGO百貨每年都會派出營業部門幹部赴日本當地尋找新商品，並且展開洽

談、溝通與說服來臺灣展示。尤其，SOGO營業人員不僅要懂日文，更要對日本新產品有判斷力及經驗力，深入洞察，才會找到臺灣顧客喜愛及可接受的日本暢銷食品。

除此之外，SOGO百貨也對這些參展來臺的日本廠商提供全方位服務；包括入關程序、冷藏、倉庫、報關、翻譯工讀生、住宿等之全面性協助，日本廠商只要提供現場人力及足夠商品即可，這樣就大大減輕日本廠商的負擔了。

總結來說，SOGO百貨30多年來，均能成功舉辦日本美食展的重要祕訣，就是SOGO百貨「夠專、夠全、夠新」的三大特色及原則，能夠將原汁原味的日本美食產品，空運到臺北SOGO來展示及銷售。

SOGO日本美食展夠專！夠全！夠新！才能吸引人

SOGO日本美食展　→　夠專！夠全！夠新！才能吸引人去買

您今天學到什麼了？
—— 重要觀念提示 ——

❶ 日本美食展的舉辦是臺北SOGO百貨的經營特色之一，受到很多日本迷的歡迎，也能增加公司營收，並服務好顧客需求！

❷ 臺北SOGO百貨每年三季都舉辦日本美食展，並派出有經驗的幹部赴日本當地，邀請有地方特色的廠商前來臺北舉辦美食展。臺北SOGO百貨的成功，就是它在選品方面，展現夠專業、夠新穎、夠全面性的特色，才能得到老顧客的歡迎與滿意！因此，任何企業經營，必須展現它在各自領域的專業性、獨特性、創新性、新鮮感及特色化，它就會贏！

經營關鍵字學習

1. SOGO百貨：日本美食展龍頭老大！
2. 季節限定產品！
3. 熟客效應！
4. 穩固老顧客回流！
5. 選品「夠專、夠全、夠新」！
6. 招商規劃！
7. 引入2成～3成新商品！
8. 保有新鮮感！
9. 派出幹部赴日洽談！
10. 為日商提供完美全方位服務！

問題研討

1. 請討論SOGO百貨日本美食展的業績如何？
2. 請討論為何SOGO日本美食展30年來辦展都很成功？什麼原因？做了哪些努力？
3. 總結來說，從此個案中，您學到了什麼？

1-8 美廉社：庶民雜貨店的黑馬崛起

1. 穩坐臺灣第二大超市地位

美廉社是三商家購旗下的中小型超市，有點類似全聯超市的縮小版。成立於2006年，迄今僅10多年，目前已有800小店，僅次於全聯福利中心的1,200店，不過，全聯超市屬於較大型超市，而美廉社則為較小型超市。國內另一家超市則為頂好超市，有220家店（已於2020.6.2為臺灣家樂福併購）。

國內三大超市		
01 全聯（1,200店）	02 美廉社（800店）	03 頂好（220店）（已被併購）

2. 定位

美廉社的定位，即是定位在「現代柑仔店」，它是品質適中，但價格便宜，具有高CP值的中小型超市；坪數大約在20坪～70坪之間；此種「現代柑仔店」即定位在大型超市與便利商店之間，尋求一個適當的滿足點與平衡點。

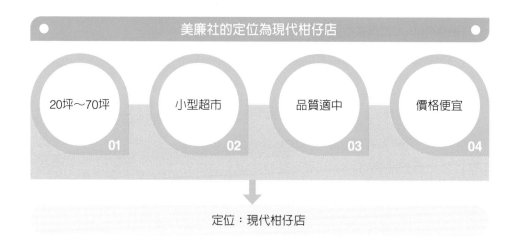

美廉社的定位為現代柑仔店

20坪～70坪　01

小型超市　02

品質適中　03

價格便宜　04

定位：現代柑仔店

3. 主要客源

美廉社的設置地點，大部分在社區巷弄裡或中型馬路邊的小型街邊店；它的主要消費客層是庶民大眾，主要以家庭主婦為目標消費群，也可以說主搶主婦客源。

4. 主要生存空間

美廉社是一個縮小版的全聯超市，它主要的生存空間，仍是在於它普及設店的「便利性」；一般家庭主婦在社區內走路3至5分鐘，即可到店裡買東西，便利性是美廉社最大的生存利基點。

5. 精簡省成本

美廉社每家店都是中小型店，裡面空間非常狹小，產品品項也不能放置太多。美廉社強調以精簡省成本為營運訴求，省成本表現在兩方面；一是人力省，每家店的服務人員大都只有2人，比起全聯超市的10人，少了不少人；二是省租金，即每家店坪數只有20坪～70坪，比起全聯平均200坪，也省掉不少房租費用。美廉社把省下的費用回饋給消費者，即平價供應商品給顧客。

6. 專賣便宜、長銷、差異化商品策略

作者曾親自到美廉社去看過，它所販賣的產品及品項，大致在全聯超市都買得到。它主要是以專賣一些較便宜、知名品牌、長銷的商品為主力，以鞏固它每天的基本業績。另外，美廉社也有一些自有品牌及進口品牌，做為與別家超市差異化不一樣的特色產品，但其占比目前僅5%而已。

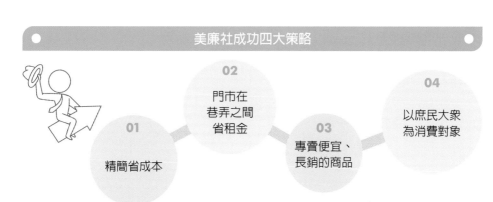

美廉社成功四大策略

01 精簡省成本

02 門市在巷弄之間省租金

03 專賣便宜、長銷的商品

04 以庶民大眾為消費對象

您今天學到什麼了？
── 重要觀念提示 ──

1 美廉社小型超市的崛起，主要仍然是便利因素；由於它處在社區的巷道內，對中年以上消費者，他們追求的就是便利、方便、快些就好，不必走很遠去買東西！
所以，只要能解決消費者的痛點或不便，就能帶來新的商機！美廉社就是一個典型好例子！

2 每個企業或品牌必須要有它自己的定位，美廉社定位在「現代柑仔店」是極其成功的！

3 美廉社以省成本為訴求，尤其以省下房租成本及人力成本兩者為最多！把省下的成本回饋給消費者！

經營關鍵字學習

1 定位在「現代柑仔店」！
2 在大型超市及便利商店之間，找出生存利基！
3 主要客源！
4 便利性！
5 生存利基點！
6 精簡省成本！
7 省租金、省人力！
8 長銷商品！
9 差異化商品！
10 平價便宜策略！
11 庶民大眾消費者為對象！

問題研討

1. 請討論美廉社的市場地位及定位為何？
2. 請討論美廉社的主要客源及主要生存空間為何？
3. 請討論美廉社如何精簡成本？
4. 請討論美廉社的商品販賣策略為何？
5. 總結來說，從此個案中，您學到了什麼？

1-9 momo購物網：成為最大電商的經營祕訣

1. 百貨股王

momo購物網2016年營收達280億元，此後幾乎年年成長超過20%，2024年更達1,089億元，位居國內網購電商市場的第一位，遙遙領先PChome、雅虎奇摩購物、蝦皮購物、生活市集、博客來、東森購物等競爭對手。

momo（富邦媒體科技）也是上市公司，2024年的股價突破700元，成為所有網購及百貨、零售行業股的最高價標的，有百貨股王之稱。

momo在2024年營收達1,089億元，獲利額為40億元，獲利率僅4%，顯示momo都把利潤回饋給消費者的低價採買。

---

momo為臺灣百貨股王、第一大電商

01 第一大網購電商，年營收1,089億元

02 股價達700元，居國內百貨、零售、電商股王

---

2. 成功經營三大要素

momo總經理谷元宏歸納該公司成功的三大要素，如下述：

(1) 商品夠多！多元、齊全、選擇性多

momo網購的品項已超過120萬件品項，不管是中、小品牌或大品牌都可以在momo網上找到。特別是時下最熱門、顧客最想要的商品，都可以在momo網上找到、買到。在這一方面，momo商品採購部的同仁，非常積極掌握消費趨勢，另一方面也能即時回應顧客需求，再者，也會積極找尋很多進口代理商的進口產品及本土小品牌，上架到momo網上。

momo購物網上的品項齊全、多元，可使消費者一站購足且選擇性多之優點，大大滿足消費者內心需求！

(2) 到貨快速！宅配到家快

momo在5年前大舉投入物流倉庫的基礎建設，至今，全臺已有8座主倉（大

倉庫）及15座衛星倉（中型倉庫），可以就近把貨從倉庫配送到全臺24個縣市的消費者家中。目前臺北市的訂貨可以在6小時內宅配到家，亦即早上訂下午就到、下午訂晚上就到，很多消費者都感到非常驚喜及超乎期待。

假如，momo沒有5年前大舉投入資金蓋倉儲中心，就不可能實現今天的到貨快速。

(3) 價格低！價格優惠

momo產品的售價在電商界算是比較低的，一方面是因為銷售量大，故可以向供應商議價較低；二方面是它堅持毛利率只有10%，故價格自然就低了。momo的價格低且實惠，就會讓消費者有很划算、高CP值感受，並且會經常回購，成為忠誠老顧客。

此外，momo在2019年還推出與富邦銀行的聯名卡，購物只要刷此卡就給5%的高回饋率。例如：顧客刷1萬元買氣泡水機，就會得到500點點數，下次再買500元的商品，就完全是免費，不用付錢。

3. 集團資源整合

momo也積極推動與富邦集團的資源整合，如下：

(1) 富邦銀行與momo發行聯名卡，目前發卡量25萬張，使得momo會員客單價提高13%。

(2) 全臺800家台灣大哥大直營門市，已成為可代領貨的據點服務，同時，門市也會向電信用戶推介momo網購；目前已增加2萬名新的momo客戶。

(3) momo購物網與富邦人壽合作，可在momo網上購買車險及旅遊平安險。

經 營 關 鍵 字 學 習

① 商品夠多！多元、齊全、選擇性多！
② 到貨快速！宅配到家快！
③ 價格低！高CP值！親民價格！
④ 集團資源整合！

問題研討

① 請討論為何momo能成為臺灣百貨股王？
② 請討論momo成功經營的三大要素為何？
③ 請討論momo與富邦集團的資源整合有哪些？
④ 總結來說，從此個案中，您學到了什麼？

Chapter 2

藥妝零售業

2-1 寶雅：稱霸國內美妝及生活雜貨零售王國

寶雅（POYA）是近年來，如黑馬般快速崛起的生活雜貨與美妝連鎖店，自1985年成立以來，全臺已有400家門市店，也是唯一有上市櫃的美妝連鎖店，它是從中南部起家的。

1. 卓越的經營績效

寶雅公司在2006年時，年營收額達34億元，到2024年，成長至220億元，幾乎成長7倍之多。毛利率高達43%之高，營業利益率達14.8%，淨利率達12%，2024年的年淨利額達20億元，EPS每股盈餘更高達17.5元，可以說居同業之冠。市場上市股價達600元之高。現有員工數為4,152人。

寶雅卓越的經營績效

毛利率 43% + 淨利率 12% + EPS 17.5元 + 股價 600元

2. 市占率高達90%

寶雅與其同業的店數，比較如下：

⑴ 寶雅：400店。

⑵ 美華泰：26店。

⑶ 佳瑪：11店。

⑷ 四季：4店。

寶雅店數的市占率高達90%，位居同業之冠。

3. 全臺北、中、南分店數

寶雅目前全臺有400家分店，其中，北區有130家店、中區有120家店、南區

有150家店；各地區店數分配相當平均，不過，中南部分店的坪數空間比北部稍大，主因北部400坪以上的大店面不易找。

　　寶雅評估每4萬人口可以開出一家店，臺灣2,300萬人口，可容約570家店，以80%估算，全臺可開出500家店；以目前同業已開出400店計算，未來成長的空間還有100家店，因此，尚未達到市場飽和，未來展望仍不錯。

4. 寶雅的競爭優勢

　　寶雅的競爭優勢，主要有二項：

(1) 規模最大，業界第一

　　寶雅有400店，遙遙領先第二名的美華泰（僅26店），可說位居龍頭地位。

(2) 明確的市場區隔

　　寶雅有6萬個品項，遠比屈臣氏、康是美藥妝店的1.5萬個品項要多出4倍之多，可說擁有多元、豐富、齊全、新奇的商品力，有力的做出自己的市場區隔，跟屈臣氏是有區別的。

寶雅二大競爭優勢

規模最大　業界第一　＋　擁有明確的　市場區隔

5. 寶雅的主要商品銷售占比

　　根據2024年最新的年度銷售狀況，各品類的銷售額占比，大致如下：

(1) 保養品（16%）。

(2) 彩妝品（16%）。

(3) 家庭百貨（16%）。

⑷ 飾品＋紡織品（15%）。

⑸ 洗沐品（11%）。

⑹ 食品（11%）。

⑺ 醫美（5%）。

⑻ 五金（5%）。

⑼ 生活雜貨（3%）。

⑽ 其他（2%）。

從上述來看，顯然以彩妝保養合計占32%居最多；但在其他家庭百貨、飾品、紡織品、洗沐品、食品也有一些占比，因此，寶雅可以說是一個非常多元化、多樣化的女性大賣場及商店。

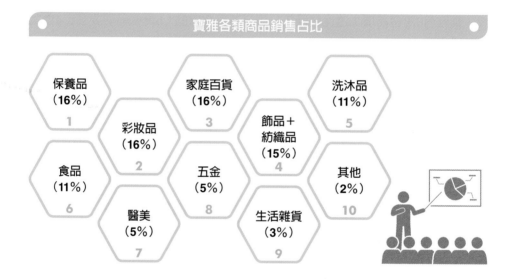

6. 寶雅的未來發展

寶雅的未來發展有四大項，如下：

⑴ 持續店鋪與產品升級

　① 提升店鋪流行感。

　② 塑造顧客記憶點。

　③ 優化商品組合。

⑵ 持續快速展店

　　展店、擴大規模效益，預計2030年目標總店數為500店。

⑶ 建立物流體系

　　包括高雄及桃園物流中心，各支援200家店數，目前均已完成使用。

⑷ 發展門市店，新品牌——寶家五金百貨，共20家。

寶雅四大未來發展

| 1 持續店鋪與產品升級 | 2 持續快速展店 | 3 建立物流體系 | 4 發展門市店新品牌 |

7. 寶雅的關鍵成功因素

　　總的來看，寶雅的關鍵成功因素，包括：

⑴ 從南到北的拓展策略正確

　　寶雅剛開始起步是從臺灣南部出發，而且都是走400坪大店型態，那時候的競爭也比較少，此一策略奠定了寶雅初期的成功。

⑵ 品項多元、豐富、新奇，可選擇性高

　　寶雅品項高達6萬個，每一品類非常多元、豐富、新奇，可滿足消費者的各種需求，大多數的產品都可買得到，形成寶雅一大特色，也是它成功的基礎。

⑶ 店面坪數大，空間寬闊明亮

　　寶雅中南部大多為400坪以上的大店，店內明亮清潔、井然有序，讓人有購物舒適感。

⑷ 差異化策略成功

　　寶雅雖為美妝雜貨店，但其產品內容與屈臣氏、康是美兩大業者並不相同，可以說是走出自己的風格及特色，或是差異化策略成功，成為該業態的第一大業者。

(5) 專注女性客群成功

寶雅80%的客群都是19歲～59歲的女性，具有女性商店的鮮明定位形象，很能吸引顧客。

(6) 高毛利率、高獲利率

寶雅在財務績效方面，擁有43%高毛利率及14%的高獲利率，此亦顯示出它的進貨成本及管銷費用都管控得很好，才會有高毛利率及高獲利率的雙重結果。

寶雅六大關鍵成功因素

01 | 從南到北的拓展策略正確

02 | 品項多元、豐富、新奇，可選擇性高

03 | 店面坪數大，空間寬闊明亮

04 | 差異化策略成功

05 | 專注女性客群成功

06 | 高毛利率及高獲利率

您今天學到什麼了？
—— 重要觀念提示 ——

❶ 企業經營致勝，必須力求規模最大，業界第一，讓競爭對手追不上來，而擁有持久的競爭優勢！

❷ 企業經營必須要有明確的市場區隔，並在此市場區隔中做出商品力、價格力、通路力的領先！

❸ 商品必須多元化、多樣化、新奇化、驚豔化、差異化，做到令消費者高度滿意及滿足感！

❹ 任何企業不應滿足於現狀，必須策劃未來發展方向及第二條、第三條成長曲線在哪裡，才有真正的未來！

❺ 寶雅是專注女性客群，成功的典範之一！

❻ 企業經營不應盲目追求銷售量的成長，反而應注重獲利率的提升！

經 營 關 鍵 字 學 習

1 高毛利率、高獲利率！
2 市占率高達90%！
3 明確的市場區隔及定位！
4 女性商店！
5 多元化、多樣化、新奇化的6萬個品項數目。
6 持續店鋪及產品升級！
7 優化商品組合！
8 提升店鋪流行感！
9 持續快速展店，擴大規模。
10 建立物流體系。
11 差異化策略成功！
12 追求規模經濟效益！

 問題研討

1 請討論寶雅北、中、南區的分店數為多少？未來還有多少成長空間？
2 請討論寶雅卓越的經營績效為何？
3 請討論寶雅的市占率多少？競爭優勢又為何？
4 請討論寶雅的主要品類銷售占比為多少？
5 請討論寶雅的未來發展為何？
6 請討論寶雅的關鍵成功因素為何？
7 總結來說，從此個案中，您學到了什麼？

2-2 Welcia：日本藥妝龍頭的成功祕訣

1. 日本最大藥妝連鎖店

Welcia是日本最大的藥妝連鎖店，2024年營收達7,000億日圓（約1,500億臺幣），全日本計有1,700多家分店，規模遠超過松本清、鶴羽及Tomod's等競爭對手。

Welcia集中在東京為主的關東地區，過去以郊區大型店為主，都有180坪～300坪；現在則改為人口密集市區的小型店。

日本Welcia藥妝、美妝連鎖店

01	02	03	04
日本第一大	年營收 7,000億日圓	大型店居多（180坪～300坪）	全日本有 1,700家店

現在，Welcia的主要競爭對手不只是同業，更是面對便利商店的挑戰。那麼，Welcia有何應對策略呢？

2. 以低價食品吸客，再憑高價藥妝品賺利潤

Welcia找到便利商店的三大缺失與弱點：

⑴ **價格偏高**

Welcia的對策是推出低價食品，如此做法，吸引了不少家庭主婦及中高齡女性在店內搶購比超市及便利商店更便宜低價的零食與食品；此亦成功吸引不少新來的顧客群。

⑵ **招募人手不易**

日本便利商店最近出現招募兼職人員不易的狀況，成為營運上的困擾；面對此狀況，Welcia的對策是提高員工時薪，每個小時給兼職員工1,510日圓（約320臺幣），比日本7-11的時薪還高出20％，吸引了不少兼職人員。為何Welcia能夠

給與較高薪水，這是因為它的藥妝品利潤較高，例如：藥品有4成多毛利率，化妝品也有35%，這些都比7-11的商品毛利率更高。

⑶ 因應高齡化對策

　　Welcia約7成都是大型店，裡面有足夠空間可以設立藥品調配室，並肩負社區藥局的功能，又聘有藥劑師及營養師，使Welcia周邊的中高齡居民都可以有拿藥或諮詢的方便性，這是日本7-11做不到的生意。因應日本超高齡化時代的來臨，Welcia這方面的業績成長很快。

　　另外，Welcia目前已有2成店開始24小時營業，提供更多消費者夜間拿藥或買保養品的方便性，追上日本7-11的便利性優勢。

3. 歸納成功因素

　　總結來說，歸納出Welcia為何近幾年來能夠快速超越同業競爭對手，而躍居最大藥妝連鎖店的重要成功因素有5點：

⑴ 打破傳統，開始銷售低價食品，成功帶進另一批人潮。

⑵ 展開24小時全天候營業，成為繼便利商店業者之後的跟隨者，大大方便顧客夜間上藥局買藥的需求性。

⑶ 在大型店成立處方藥的調配室，成為藥妝店的另一個特色，而不是只有銷售化妝保養品而已。

⑷ 藥品及化妝品的毛利率均較高，能夠支撐兼職員工較高薪水及低價食品。

⑸ 快速展店的開拓策略，目前已有1,700多家門市店，占有市場空間及利基點。

4. 存在的根本原因

　　近3年來，Welcia平均每年營收成長均高達14%，遠比日本7-11成長率僅4%，超過甚多。

　　針對這種現象，Welcia的現任社長表示：「光靠便利商店或超市，並不能全部滿足消費者在生活上的所有需求；Welcia過去、現在到未來，都能秉持著正確的經營戰略，並貫徹做到100%滿足顧客現在及未來需求，這才是在這個行業為何能成功或失敗的關鍵所在。」

日本Welcia五大成功因素

1

快速展店
（1,700店）

24小時營業

2

銷售低價食
品，吸引人潮

3

4

具備社區
藥局功能

藥妝產品
毛利率較高

5

日本Welcia正確的經營戰略

正確的經營戰略

・吸引消費者
・滿足消費者現在及未來的需求
・提高來店頻率

您今天學到什麼了?
—— 重要觀念提示 ——

1. Welcia:日本最大藥妝、美妝連鎖店!
   它的成功因素有:
   ⑴ 展開24小時全天候營業!
   ⑵ 大型店可成立處方藥調配室!(這一點,臺灣的藥妝店做不到)!
   ⑶ 快速展店,已達1,700店規模!
   ⑷ 銷售低價的食品,不限於藥妝、美妝品!
   由以上來看,日本Welcia連鎖店已經做了很多創新,所以才會領先!
2. 日本Welcia藥妝店認真貫徹做到100%滿足顧客現在及未來的需求,所以它贏得了
   顧客的心!

經 營 關 鍵 字 學 習

1. 藥妝店24小時營業!
2. 快速展店!
3. 銷售低價食品!
4. 突破傳統!
5. 100%滿足顧客現在及未來的需求!
6. 贏得顧客心!
7. 大型店居多!
8. 因應高齡化對策!
9. 成立處方藥調配室!
10. 秉持正確的經營戰略!

問題研討

1 請討論Welcia的年營收額、年成長率及店數多少？
2 請討論Welcia能夠勝出的五大原因為何？
3 請討論日本便利商店的三大弱點為何？Welcia如何突破應對？
4 請討論Welcia社長認為公司能夠存在的根本原因為何？
5 總結來說，從此個案中，您學到了什麼？

屈臣氏美妝連鎖店係香港公司，也是亞洲第一大美妝連鎖店；1987年正式來臺設立公司並開始展店，目前全臺總店數已超過580家，會員有590萬人，是全臺第一大，領先第二名的康是美連鎖店。

1. 屈臣氏的行銷策略

屈臣氏有靈活的行銷呈現，行銷活動的成功，帶動了業績銷售上升，屈臣氏的行銷策略主要有五大項：

(1) 高頻率促銷活動

屈臣氏幾乎每個月、每雙週就會推出各式各樣的促銷活動，主要有：加一元，多一件；買一送一；滿千送百、全面八折等吸引人的優惠活動。這些優惠活動主要得力於供貨商的高度配合。

(2) 強大電視廣告播放

屈臣氏每年至少提撥6,000萬元的電視廣告播放，以保證屈臣氏這個品牌的印象度、好感度、忠誠度，都能保持在高水準。

(3) 代言人

屈臣氏也經常找知名藝人，搭配電視廣告的播放，過去曾找過曾之喬、羅志祥等人做代言人，代言效果良好。

(4) 網路廣告

屈臣氏也在FB、YouTube等播放線上影音廣告及橫幅廣告，以顧及年輕上班族群等客群。

(5) 寵 i 卡

屈臣氏發行的紅利集點卡，目前已累積到590萬會員人數，寵 i 卡也經常利用點數加倍送做法，吸引顧客回購率提升。

屈臣氏成功的五大行銷策略

01 高頻率促銷活動

02 強大電視廣告播放

03 代言人行銷

04 網路廣告投放

05 寵 i 卡（紅利集點卡）

2. 屈臣氏的成功關鍵因素

總結來說，屈臣氏的成功關鍵因素，主要有下列7項：

(1) 品項齊全且多元

屈臣氏門市店的總品項達1萬個，可說品類、品項齊全且多元、多樣，消費者的彩妝、保養品需求，可在門市店裡得到一站滿足。

(2) 商品優質

屈臣氏店內陳列的商品，大都是有品質保證的知名品牌，這些中大型品牌都比較能確保商品的優質感，出問題的機率也較低。當然，屈臣氏內部商品採購部門也有一套審核控管的機制。

(3) 每月新品不斷

屈臣氏門市店內，除了經常賣得不錯的品項外，也會淘汰掉賣得很差的品項，將空間讓出來給新品陳列，可說每月、每季都有新品不斷上市，帶給消費者新奇感及需求滿足。

(4) 價格合理、平價

屈臣氏的價格並不強調是非常低價，但已接近平價了；因為屈臣氏有580多

家連鎖店，具有規模經濟效益，因此可以較低價採購，以親民的平價上市陳列。

(5) 經常有促銷檔期

　　屈臣氏的特色之一，即是每月經常會推出各式各樣的優惠折扣或買一送一、滿千送百等檔期活動，有效帶動買氣，拉升業績。

(6) 店數多且普及

　　屈臣氏有580多家門市，是美妝連鎖業者中的第一名，店多且普及，也帶給消費者購物的方便性。

(7) 品牌形象良好，且具高知名度

　　屈臣氏具有相當高的知名度，企業形象及品牌形象也都不錯，有助它長期永續經營及顧客會員回購率提升。

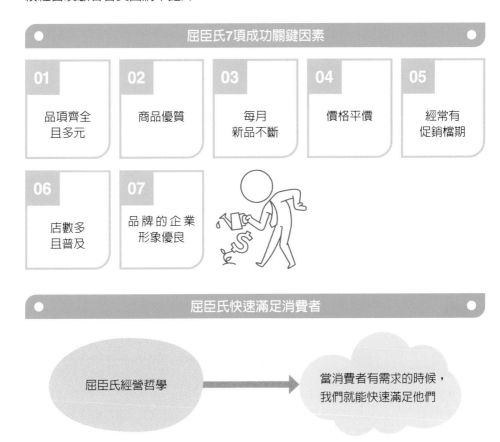

屈臣氏7項成功關鍵因素

01	02	03	04	05
品項齊全且多元	商品優質	每月新品不斷	價格平價	經常有促銷檔期

06	07
店數多且普及	品牌的企業形象優良

屈臣氏快速滿足消費者

屈臣氏經營哲學 → 當消費者有需求的時候，我們就能快速滿足他們

您今天學到什麼了？
── 重要觀念提示 ──

1 屈臣氏是國內知名且成功的第一大藥妝、美妝連鎖店，它的成功，很大原因歸於它的行銷操作非常成功，主要有五大項：
   (1) 高頻率促銷優惠活動！
   (2) 強大的電視廣告播放！廣告曝光率足夠！
   (3) 代言人運用成功！
   (4) 寵 i 卡紅利集點卡成功！提高回店率！
   (5) 網路廣告播放，吸引年輕人！

2 屈臣氏在商品力、行銷廣宣力、通路據點力、平價價格力等，也都表現出色，形成它的關鍵成功因素！

經 營 關 鍵 字 學 習

1 健康、美態、快樂三大理念！
2 高頻率促銷活動！
3 強大電視廣告播放！
4 展開數位改革！
5 不是O2O，而是O＋O！
6 召募數位科學家！
7 品項多元、齊全、優質！
8 在消費者需要的時候，我們就可以很快速的滿足他們！

問題研討

1 請討論屈臣氏的行銷策略為何？
2 請討論屈臣氏的關鍵成功因素為何？
3 總結來說，從此個案中，您學到了什麼？

Chapter 3

展演服務業

3-1 寬宏藝術：國內第一大展演公司成功經營之道

3-1 寬宏藝術：國内第一大展演公司成功經營之道

1. 公司概述（一條龍作業）

　　寬宏藝術公司是由創辦人林建寰於早年從小工作室創立而起，並於2004年正式創立寬宏藝術公司。經過14年優良經營，於2018年在資本市場上櫃成功，成為第一家上櫃的展演公司。寬宏藝術的營運内容是以承辦國外大型音樂劇、國内外演唱會及國外展覽等三大活動為主軸，並且在整合企劃、硬體投設、行銷宣傳及網路售票等四合一，一條龍的完整展演公司。該公司於2024年的營收額達16億元，居國内同業公司之冠，獲利約1.6億元，獲利率為8%，EPS每股盈餘為7.4元。

寬宏藝術的績效

年營收 16億元 ＋ 年獲利 1.6億元 ＋ 獲利率 8% ＋ EPS 7.4元

2. 如何爭取國外展演團體的信任

　　做為承辦國外大型表演公司來臺演出，最重要的一件事情，就是必須爭取到他們内心的最大信任。因為國外表演團體到某地演出，都會經過很多評估，例如：當地承辦公司的財力夠不夠強、國際信用好不好，以及主辦單位是否付得起這種高額的演出費，而且還要能預先支付費用。

　　寬宏過去幾年來，陸續承辦過《貓劇》、《獅子王》、《歌劇魅影》等知名音樂劇，而且都非常成功順利，寬宏之所以能接這麼多案子，獲得國外表演團體的信任是主要優勢。

財力 ＋ 能力 ＋ 信譽（口碑） ＋ 爭取到國外展演團體的信任

3. 如何評估案子是否可做

回到主辦方這邊，寬宏內部對於每一個國內外大型展演案的主辦決定，均有一個詳細的評估過程，包括下列5步驟：

⑴ 首先會做簡單的內外部問卷調查，看看國內觀眾的反應及需求如何。

⑵ 會了解他們在國外各國演出狀況如何？是否很賣座、很成功？

⑶ 會了解國外他們出價多少？是否合理？

⑷ 然後，會進行內部售價收入的預估及財務（成本與效益）總評估。

⑸ 最後，要加一點老闆及主辦單位主管的多年直覺及經驗，即會做最後決定。

因為國外大案的價錢，大約每場200萬～300萬美元，而且要先付清，壓力很大，一定要審慎評估及思考。

寬宏藝術如何評估案子的可行性	
01 先做簡單問卷調查，了解反應及需求	**04** 會進行內部售票收入預估及可行性財務評估
02 會了解他們在海外演出的狀況如何	**05** 最後，靠多年的經驗及直覺
03 會了解他們出價多少，是否合理	

4. 臺灣第一大展演公司

寬宏藝術公司一年主辦40場～50場次表演，幾乎週週都有展演，非常忙碌，年營收達16億元，是臺灣第一大展演公司，也是全球前30大主辦展演公司。

5. 國內及國外紛找寬宏的原因

為什麼國內及國外展演都會找寬宏公司主辦，主要有四大原因及優勢：

⑴ 寬宏已打造出信任感及有誠意的公司。

⑵ 寬宏是做廣告行銷曝光及宣傳最多、效果最好的一家公司。

⑶ 寬宏是軟體規劃、硬體、行銷、售票一條龍作業公司，此為成功票房的保證。

⑷ 寬宏是此行業領導品牌形象。

寬宏藝術的四大優勢

信任感及誠意

寬宏是一條龍作業專業公司

最會廣告宣傳的公司

是此行業的臺灣領導品牌

寬宏過去都是委託別人去售票，後來決定自己成立售票系統，其目的有3個：

⑴ 可以增加門票收入的財務周轉自由度：以前是委託別人，門票收入要下下個月才能匯款入帳，現在，今天售票收入，明天即可使用，資金流掌握在自己手裡，增加很多彈性及自由度，現金流也充裕很多。

⑵ 透過門票銷售資料系統，可以知道購票族群的基本輪廓分析及偏好分析，未來更可以做大數據分析及精準行銷。

⑶ 可以知道電視廣告播出後的效果如何，可以有具體的廣告成效分析。

6. 如何抓行銷預算

寬宏以前規模小時，比較保守，對於行銷廣告預算，只抓總票房收入的2%～3%；但是，國外表演團體希望可以提高到10%～15%，後來，嘗試拉高占比，並且專門做電視廣告下手，結果，效果出乎意料的好，拉高票房不少。主要是因為國外展演團體的門票收費較高，寬宏吸引的目標客群也是中高收入，且年齡偏高一些，因此主攻電視廣告的效果好很多。至於網路廣告的效果，主要是攻年輕族群，但效果普通而已。

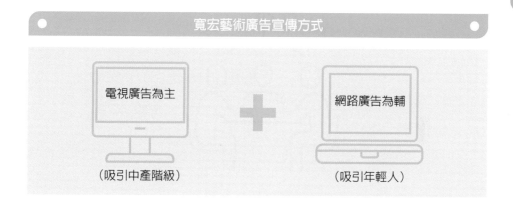

寬宏藝術廣告宣傳方式

電視廣告為主（吸引中產階級）　＋　網路廣告為輔（吸引年輕人）

7. 顧客回頭率如何

寬宏認為展演觀眾是可以培養出來的，如果他看了一場很精彩的國外音樂劇，心中感到很快樂，下次再為他宣傳另一個國外好戲，他就會再回來觀看。

寬宏認為只要認真、用心、詳實的做好每一場國內、國外展演，只要做出好口碑，做出企業品牌好形象，觀眾自然會越來越多。寬宏至今每一場幾乎都有9成以上購票率，早已做出國內第一品牌展演經紀公司的好形象。

8. 未來努力方向

寬宏已成功走出自己的路，而未來努力的方向主要有3點：

⑴ 要持續引進國外各國更多元化、更知名的音樂劇。

⑵ 要持續爭取國內外一流歌手的演唱會。

⑶ 開始嘗試自製的展演好戲，建立屬於自己的IP（智財權）。

寬宏藝術未來三大努力方向

持續引進國外更知名
的音樂劇到臺灣
1

嘗試自製展演活動，建
立自己的IP（智財權）
3

持續爭取國內外一
流歌手的演唱會
2

9. 成功關鍵因素

總結來說，寬宏的成功因素，可歸納為以下6點：

⑴ 眼光精準，能夠引進國外好看的音樂劇，這是它根本的產品力！

⑵ 已做出口碑，寬宏的品牌已經相當穩固！

⑶ 每一場的行銷廣告宣傳都很成功，能拉升票房收入。

⑷ 一條龍垂直作業，建立全方位的競爭優勢。

⑸ 已建立與國外表演團體的堅強友好關係，具備優先主辦權。

⑹ 自己掌握售票系統，可主宰資金流及顧客資訊流。

寬宏藝術成功六大因素

1 眼光精準，引進好看的國外音樂劇

2 已做出好口碑

3 每一場行銷廣告宣傳都很成功

4 一條龍作業之優勢

5 先建立與國外表演團體互動良好關係

6 自主售票系統，可掌握資金流及資訊流

10. 成功三大策略

寬宏的成功，主要是三大策略成功所致，如下：

⑴ 一條龍全包策略

寬宏整合了上、下游產業，從①活動規劃；②硬體籌備；③售票系統；④行銷宣傳等，採一條龍全包式服務策略，把上、下游事業全串聯在一起，全部自行處理。

寬宏過去只做承接活動案，而把售票及硬體皆外包處理，經過多年經驗後，現在則全部自己做，好處是可以管控成本，並提高獲利率。另外，售票自己做，也可以提前拿到票款收入，以前要一個月後才能拿到，現在則可以馬上拿到購票收入，而且，售票系統現在也已累積上百萬的會員資料。2016年，寬宏轉投資成立舞臺硬體子公司，稱為臺灣藝能工程公司，凡是小巨蛋大型音樂劇及演唱會的舞臺硬體工程架設，均是自己做。

⑵ 轉投資多角化、多元化擴張策略

除了轉投資硬體工程外，

① 2019年投資國內知名且最受歡迎的舞臺劇表演，名稱為「表演工作坊」，取得43%股權。以2019年作品《寶島一村》，售票率達9成，票房2,500萬元，增加了多元收入來源。

② 也入股簽下球星林書豪、王建民的展逸公司，把運動元素融入演唱會。

③ 2019年，以2,000萬元持股25%，首度參與投資國際知名音樂劇IP，即與英商合作音樂劇《國王與我》，在臺有17場演出。

④ 開始自行策展，不只是接受授權而已，例如：《侏邏紀恐龍公園》，即是自行策劃、自己做的展覽，毛利率有40%以上。

上述各項都是水平擴張及多元化展演內容與策略。

(3) **過去多年表現，贏得口碑策略**

寬宏過去承攬很多知名音樂劇及演唱會，奠定良好基礎與口碑。例如：《貓劇》、《歌劇魅影》、《江蕙演唱會》、《費玉清演唱會》，都由寬宏一手包辦演出。

寬宏平均每年都有100場以上的演出，累計90萬以上的觀看人數。一般來說，音樂劇及演唱會的毛利率約30%，比展覽會的20%還高些。

您今天學到什麼了？
──重要觀念提示──

1 臺灣展演代理公司一定要爭取到國外一流表演團體的「信任」，才能爭取到好的表演項目！所以，企業經營對上游供應商、對下游通路商，也要爭取到信任！對終端顧客更要爭取到對我們公司及品牌的信任！

2 企業經營與管理，一定要對重大支出的專案，好好做「成本與效益」評估過程才行，以避免失敗帶來的重大損益。因此，建立效益評估的流程與指標是必要的！

3 企業經營應努力做到業界的第一名或領導公司，才能獲取各項競爭優勢！

4 做好廣告宣傳是任何一家企業或任何一個品牌，必須努力做到的！

5 企業打造一條龍式的經營模式，是極為正確的策略方向，如此可以建立同業進入高門檻！

6 任何行業公司，都必須爭取顧客的回頭率、回購率、回店率！

經營關鍵字學習

1 一條龍垂直整合經營模式！

2 EPS（每股盈餘）！

3 爭取國外展演團體的信任！

4 重大專案評估！（成本與效益評估）！

5 市調！（市場調查！顧客調查！）

6 全臺第一大展演公司！

7 廣告行銷曝光度！

8 自己成立售票系統！

9 如何抓行銷預算！

10 顧客回頭率！回購率！

11 建立屬於自己的IP！（智慧財產權；Intellectual Property）

12 眼光精準！

13 打出好口碑！

14 管控成本！

15 提高獲利率！

16 多元化、多角化擴張策略！

問題研討

1. 請討論寬宏藝術公司的概況為何？
2. 請討論寬宏公司如何評估國外案子是否能做？
3. 請討論國內外很多表演團體或個人演唱會，為何找寬宏來主辦？
4. 請討論寬宏為何要自己成立售票系統？
5. 請討論寬宏如何抓廣宣預算？
6. 請討論寬宏的顧客回頭率如何？
7. 請討論寬宏未來努力方向為何？
8. 請討論寬宏的成功六大因素為何？
9. 請討論寬宏的成功三大策略為何？
10. 總結來說，從此個案中，您學到了什麼？

Chapter 4

餐飲服務業

4-1 豆府餐飲集團：全臺韓式料理第一品牌的經營祕訣

1. 公司簡介及營運績效

豆府餐飲公司在其官網介紹表示：「全臺最大韓式料理集團，旗下涓豆腐門市店自2008年以來，除招牌『嫩豆腐煲』外，亦引進多樣道地韓國特色料理，深受消費者喜愛，現已發展成為精緻韓式料理第一品牌。」

豆府公司已於2019年6月申請上櫃通過，成為繼王品、瓦城公司之後的第3家上櫃餐飲公司。該公司2024年營收為12億元，稅後淨利為1.2億元；近3年營收分別為7.7億元、9.3億元及12億元，連續3年成長超過18%。豆府公司旗下已有7個品牌，全臺總店數逾70家，員工總數近2,300位。

2. 旗下品牌

豆府公司經過10多年發展，如今旗下已有7個品牌之多，以下舉三大品牌為例：

(1) 涓豆腐

　　‧計25家店，占營收60%。

　　‧2008年成立，屬精緻韓式料理。

　　‧人均消費：480元。

(2) 北村豆腐家

　　‧計20家店，占營收20%。

　　‧2016年成立，屬豆腐煲專門店。

　　‧人均消費：360元。

(3) 韓姜熙的小廚房

　　‧計16家店，占營收8%。

　　‧2017年成立，韓式定食。

　　‧人均消費：190元～250元。

豆府餐飲三大品牌		
涓豆腐 （25店）	北村豆腐家 （20店）	韓姜熙的 小廚房 （16店）

年營收12億元
獲利1.2億元，獲利率10%

3. 選嚴好食材的三大特色

豆府公司在其官網揭示嚴選臺灣本地好食材，堅持好料理的三大特色為：

⑴ 非基因改造黃豆

嚴選非基因改造黃豆，製作獨家招牌嫩豆腐，創造出韓國道地嫩豆腐煲獨有的綿密而滑順口感，更能吃出黃豆原味的濃醇香。

⑵ 產銷履歷涓雞蛋

採用臺灣在地產銷履歷、牧場直送的新鮮雞蛋，以高科技電腦化管理確保無藥物、無抗生素等殘留，食安升級，讓您吃得更安心。

⑶ 在地香Q東部米

來自稻作天堂的無汙染在地東部米，全年僅採收一次，培育出優良的米質，粒粒飽滿晶瑩剔透，口感Q彈，每一口都讓人元氣滿滿。

4. 導入資訊管理，提高效能

　　豆府公司了解要加速發展連鎖店，必然要導入資訊管理系統，才會提高效能，就像統一超商全臺7,100家店，全部上線使用資訊管理系統。因此，豆府從早期就導入ERP資訊系統，總公司能夠即時掌握各門市店營運、訂位、結帳、統計分析等，以利隨時調配採購、人力，以提高效率與效能。這套自行開發的營運管理資訊平臺，將可以容納500家店的規模。

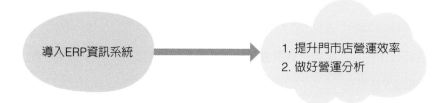

5. 從街邊店轉移到商場設點

　　早期涓豆腐成立門市店時，都是設點在街邊店，但近年來，整個人流及商機有轉向到各大商場，因此，涓豆腐現在也集中在各大百貨商場，包括統一時代百貨、台茂購物中心、新竹巨城購物中心、夢時代購物中心、麗寶購物中心、新光三越百貨等，均有插旗設點。

6. 不斷創新求變

　　豆府能夠保持高成長的關鍵，除了衍生出7個品牌帶動成長外，另一個成長的因素，即是在料理菜色上不斷創新求變。而且菜色一直在調整、修正，涓豆腐已邁入第14年，但仍每半年換一次新菜，沒有馬虎，顧客有新菜色可點，不會老是吃那幾種菜色，也可帶動顧客的回流率。

7. 未來成長策略

豆府上櫃後，未來仍將保持二位數的成長速度，主要朝三大策略方向：

(1) 到海外開店。目前已與越南臺商大發食品公司，在胡志明購物中心開出海外首店「GOT CHICKEN」，賣韓式、越式風味炸雞。

(2) 開發本土國內好吃的餐飲品牌，例如：臺式牛肉麵，就是很具潛力的；臺式餐飲很好吃，只是欠包裝及品牌化營運而已。

(3) 引進非韓式料理，例如：東南亞的越菜、泰菜都很有希望，像泰式炒河粉店也會引進臺灣。

豆府餐飲三大成長策略

01	02	03
海外開店策略	開發本土國內餐飲品牌策略	引進非韓式料理策略（越式、泰式）

您今天學到什麼了？
── 重要觀念提示 ──

1. 企業若想擴大經營，必須努力申請成為上市櫃，才能在資本市場取得低成本資金來源！

2. 企業或服務業經營，必須採取多品牌策略，才可以加速發展與成長！

3. 多品牌彼此間要加以區隔，並有不同定位及特色，即可成功！

4. 餐飲業必須先有好食材，才會有好料理，產品力就出來了！

5. 企業要連鎖化加快壯大，必須建立整套ERP資訊系統！才能電腦化、自動化提高效率！（ERP：企業整體資源規劃）！

6. 各大百貨公司、各大商場已成為餐飲設店最佳選擇！

7. 企業經營要不斷創新求變，才能帶動顧客回流率！

8. 臺灣市場太小，已漸趨飽和，可赴海外開店，繼續成長！

9. 持續引進海外餐飲品牌之代理權！

經 營 關 鍵 字 學 習

1. 追求第一品牌、領導品牌！
2. 申請股票上市櫃公開發行！
3. 嚴選好食材！
4. 堅持好料理！
5. 多品牌策略！
6. ERP資訊系統！
7. 提升營運效率！
8. 掌握門市店數據分析！
9. 大商場設點！
10. 不斷創新求變！
11. 顧客回流率！
12. 未來成長策略！
13. 海外設店！
14. 代理國內外品牌！

問題研討

1. 請討論豆府餐飲公司的簡介及營運績效為何？
2. 請討論豆府公司有哪三大品牌及價位？
3. 請討論豆府公司如何提升營運管理效能？
4. 請討論豆府如何不斷創新求變？
5. 請討論豆府未來成長三大策略為何？
6. 總結來說，從此個案中，您學到了什麼？

4-2 瓦城：全臺最大泰式連鎖餐飲第一品牌

1. 公司簡介與經營績效

　　1990年創立以來到2024年，瓦城已成為全臺最大泰式連鎖餐飲第一品牌，它以：⑴高品質的美味；⑵親切熱忱的服務；⑶溫馨舒適的環境等三大特色，引領全臺泰式餐飲風潮。（註1）

瓦城餐飲三大特色

高品質的美味　　　　親切熱忱的服務　　　　溫馨舒適的環境

　　瓦城旗下有 7 個品牌，分別是：瓦城（70店）、大心（34店）、1010湘香（17店）、非常泰（7店）、時時香（7店）、十食湘（中國3店）、Yabi等；兩岸合計140店，其中，中國有11店，臺灣129店，30多年來，總來店人數已破750萬人次。

　　瓦城公司年營收達47億元，毛利率達50％，獲利率8％，年獲利額3.8億元；未來將持續展店，以保持營收及獲利不斷成長。

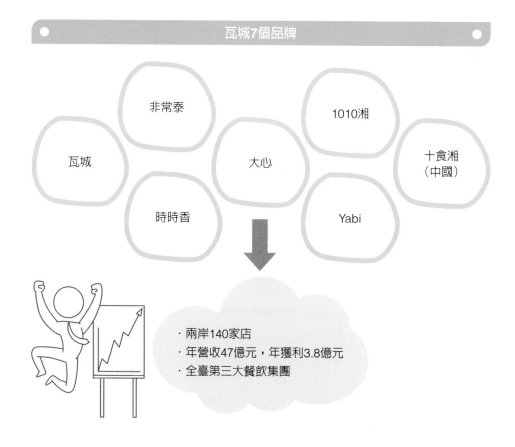

瓦城7個品牌

非常泰 ・ 1010湘 ・ 瓦城 ・ 大心 ・ 十食湘（中國） ・ 時時香 ・ Yabi

・兩岸140家店
・年營收47億元，年獲利3.8億元
・全臺第三大餐飲集團

2. 連鎖化成功的二個關鍵

(1) 建立SOP

瓦城如何突破東方菜系難以複製的問題，其解決方案就是：建立「東方爐炒連鎖化系統」，亦即建立炒菜的SOP（標準作業流程），有3招基本功：

① 食材規格化

將700種食材原料標準化、規格化。

② 廚房管理科學化

即顧客坐下3分鐘內倒水、8分鐘內出第一道菜、25分鐘內出最後一道菜。

③ 廚房培訓系統化

所有廚師1年內學成基本功，包括：食材處理、刀工、調味、火候、爐炒、技術與流程也都SOP化。

瓦城炒菜SOP

食材規格化 + 廚房管理科學化 + 廚房培訓系統化

⑵ 升遷制度透明化

　　瓦城導入分級制，為廚師建立11級臂章制度，依廚師功力加以分級。瓦城的升級、加薪，都有很透明制度及公平考核，每個同仁都知道他未來定位會在哪裡。

3. 展店策略

　　近期以來，瓦城的展店也必須符合時代與環境的變化，因此，近期的展店策略，亦向百貨公司發展；亦即要借助百貨公司的集客能力，瓦城在臺北信義微風百貨南山館，開設了4家不同品牌的店，在南山館不同的樓層，客群也有所不同，包括大心、Yabi、時時香等不同品牌。

4. 集團資源運籌中心

　　瓦城也成立集團跨品牌的資源運籌中心，負責跨品牌的食材採購、食材整理、品質保證及後勤支援等功能；讓每個新品牌推出時，均享有採購優勢及成本管控優勢，以提高獲利率。

瓦城集團資源運籌中心

01 食材採購　　02 食材整理　　03 品質保證　　04 後勤支援

5. 瓦城成功的6個關鍵因素

　　30多年來，瓦城餐飲集團能夠成為臺灣第三大餐飲集團及臺灣第一大泰式餐飲，歸納其成功的最重要6個關鍵因素，分別如下：

⑴ 高品質、穩定的菜色。

⑵ 自創東方菜爐炒廚房連鎖化系統。

⑶ 自創廚師11級臂章制度。

⑷ 多品牌開拓市場。

⑸ 製程標準化與管理科學化。

⑹ 從泰式料理打出差異化特色。

瓦城餐飲6個成功關鍵因素

1 高品質、穩定的菜色

2 自創東方菜爐炒廚房連鎖化系統

3 自創廚師11級臂章制度

4 多品牌開拓市場

5 製程標準化與管理科學化

6 泰式料理的差異化特色

6. 從FEST創新

　　瓦城認為做餐飲事業，主要從四大面向尋求發展與創新，如下：

⑴ Food：食材、菜色、料理的創新。

⑵ Environment：從環境、裝潢、布置等尋求創新與變化。

⑶ Service：從服務尋求創新、升級與貼心、精緻、有口碑。

⑷ Trust：信任是品牌的核心根基，不斷提升對瓦城餐廳的信任感及好感度。

從四大面向創新			
Food	**Environment**	**Service**	**Trust**
食材、菜色的創新	環境、裝潢的創新	服務的創新	信任感、好感度的創新

7. 首推乾拌麵零售

瓦城在2019年12月首推「泰式酸辣乾拌麵」的零售產品,並在momo、PChome、蝦皮等網購通路販售;開發實體產品在零售市場銷售,以增加周邊收入。

8. 結語

瓦城的經營理念就是從未停止進步及創新,在其董事長辦公室旁,即設有一個研發廚房,每天都在尋求料理更好吃及更創新。

瓦城董事長曾說過:「不怕市場競爭,因為最大對手就是自己;也不怕被模仿,因為,瓦城就是瓦城,全世界只有一個瓦城。」

(註1) 此段資料來源,取材自瓦城公司官網(www.thaitown.com.tw)。

您今天學到什麼了？
──重要觀念提示──

1. 瓦城餐飲旗下有7個品牌，它採取了多品牌策略，尋求企業營收及規模不斷擴張！多品牌是一個好的企業經營策略！
2. SOP（標準作業流程）是任何連鎖服務業所必須的與最基本要做到、做好的！
3. 企業經營必須使各部門升遷制度化及透明化，各級員工才知道他的未來前途何在！好的、優秀人才也才會留下來！
4. 任何連鎖服務業的展店，必須快速，而且必須隨著商圈環境的變化而調整改變，才會使業績成長！
5. 企業規模變大之後，有必要成立資源統籌中心，以降低成本，並做好各項營運支援任務！
6. 瓦城最初的成功，即是從泰式料理打出差異化特色經營！

經營關鍵字學習

1. 高品質產品力！
2. 多品牌策略！
3. SOP（標準作業流程）！
4. 升遷制度透明化！
5. 展店策略！
6. 集團資源運籌中心！
7. 採購優勢！
8. 成本控管！
9. 提高獲利率！
10. 管理科學化！
11. 製程標準化！
12. 打出差異化特色！
13. 全方位面向創新！
14. 信任是品牌的核心根基！
15. 爭取顧客的信任感及好感度！
16. 服務要升級！
17. 發展周邊商品收入！
18. 最大的競爭對手就是自己！

問題研討

1. 請討論瓦城的公司簡介及經營績效為何？
2. 請討論瓦城有3招SOP基本功為何？
3. 請討論瓦城近期的展店策略為何？
4. 請討論瓦城的集團資源運籌中心負責功能為何？
5. 請討論瓦城能夠成功的6個關鍵因素為何？
6. 請討論瓦城FEST的4個面向的創新為何？
7. 請討論瓦城為何要推出乾拌麵銷售？
8. 請討論瓦城最大的競爭對手為何？
9. 總結來說，從此個案中，您學到了什麼？

Chapter **5**

汽車銷售服務業

5-1 和泰汽車：臺灣冠軍車的經營祕訣

1. 日本豐田汽車第一個海外代理商

　　和泰汽車2023年獲利額超過120億元，股價達360元，整體市值高達2,000億元，在國內汽車市占率高達33%之高，幾乎每3部車就有1部TOYOTA的品牌，顯見TOYOTA汽車品牌受到國人歡迎的情況。在高級車方面，豐田的Lexus（凌志）品牌位居第二，僅次於賓士（Benz）轎車品牌。早年和泰汽車公司取得日本豐田汽車在臺灣的總代理銷售權，30多年來，和泰汽車不辱使命，把臺灣汽車市場經營得不錯，因此，日本總公司從未提過要收回臺灣地區的代理商，顯見它們對和泰汽車的滿意及信任。

2. 經營祕訣1：在車子每個生命週期，不斷挖出利潤

　　和泰汽車每年可以獲利120億元之高，主要是它賺透汽車生態鏈的每個環節，如下圖示的7個賺錢環節：

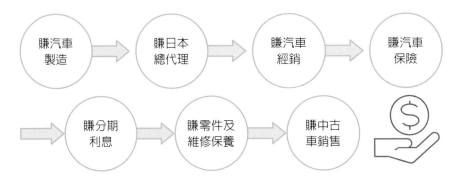

茲分析如下：

(1) **賺製造利潤**

　　和泰汽車跟日本豐田總公司在臺灣桃園中壢設立合資國瑞汽車製造公司，國內銷售的TOYOTA車種，主要都是國瑞公司製造的，此廠的毛利率至少30%以上，這是和泰汽車公司的第一道利潤。

(2) **賺總代理利潤**

　　和泰汽車為TOYOTA日本總公司在臺授權的汽車銷售總代理，凡是國瑞製造或是進口的日本車種，均由和泰汽車做總代理商，再撥發給全臺各地經銷商去銷售，因此，和泰也賺到第二道的總代理利潤；依據財報顯示，和泰的毛利率高達30%，淨利率高達10%。

(3) **賺全臺各地經銷銷售利潤**

　　和泰汽車的銷售管道是透過全臺8家大型經銷商而賣出去的。而這8家經銷商都是由和泰公司與它們共同合資而組成的，和泰的合資比例在20%～70%之間；亦即，這8家經銷商每年賣汽車所賺得的利潤裡，就有2成～7成必須回到和泰公司身上，這樣，和泰就賺到第三道的利潤。

(4) **賺保險、分期貸款、維修保養及中古車銷售利潤**

　　接著，汽車賣出之後必須保險，和泰公司也成立一家專做汽車產險的子公司，這樣就賺到第四道利潤。再來，賣汽車大都有分期付款的金融貸款需求，和泰也成立一家子公司，專做這方面的金融工作，這就賺到第五道利潤。接著汽車定期必會維修保養，和泰就賺到第六道利潤；最後，汽車用久了想換新車，就產生中古車的買賣需求及利潤，這就賺到第七道利潤了。

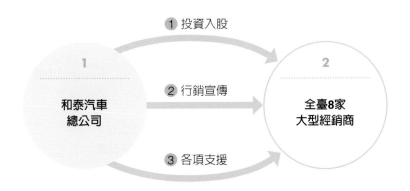

Chapter 5

汽車銷售服務業

3. 經營祕訣2：維繫與經銷商良好關係

和泰汽車全臺旗下有跟它們合資的8家經銷商，它們是國都、北都、桃苗、中部、南都、高都、蘭陽、東部等8家優良汽車銷售經銷商，30多年來，和泰與它們相互合作，互利互榮，共同打拚，才能創造出和泰汽車30%的高市占率成績。

當然，和泰作為總代理角色，自然也奉獻出很多資源給經銷商，協助它們在銷售上達成最好的目標。

和泰對經銷商的協助、支援事項，包括：

⑴ 做好TOYOTA汽車各款型品牌的行銷宣傳，並打造TOYOTA是最優良汽車品牌的信賴形象與大眾口碑。

⑵ 每年至少投入7億元廣告費，在電視廣告、網路廣告與社群廣告宣傳上。

⑶ 提供教育訓練、財務支援、資訊管理支援、銷售技術支援、車款製造供應支援等多方面的營運管理過程投入。

由於8家經銷商每年都有不錯的銷售業績達成，這才能確保和泰在臺灣地區總代理商的角色條件與合約。因此，和泰與8家經銷商的生命與共是一體的，這也是和泰特別重視經銷商這個環節的任務工作。

4. 經營祕訣3：打造與日本豐田總公司長期良好關係

和泰汽車公司高階層人員長期以來，始終與日本總公司相關高階層保持長期且深入的良好關係，和泰相關人員每年也會好幾趟出差日本總公司拜訪相關主管，一方面報告臺灣地區市場情況及銷售成績，二方面也維繫個人私下情誼，讓這個總代理權能夠繼續下去，不會中斷。這是最重要的根本固源之道。

和泰汽車獲利很大的三大經營之祕		
在車子每個生命週期，不斷挖出利潤	大力維繫全臺八大經銷商	打造與日本豐田總公司良好關係

您今天學到什麼了？
──重要觀念提示──

1. 衡量一個企業經營績效的主要財務指標，有下列幾項：
   (1) 營收額及其成長率。
   (2) 獲利額及其成長率。
   (3) EPS（每股盈餘）。
   (4) 毛利率及其成長率。
   (5) ROE（股東權益報酬率）。
   (6) 企業總市值。
   (7) 股價（公開市場）。
2. 爭取國外知名公司產品或品牌的臺灣區總代理權，也是企業經營模式的一種，很多貿易商即扮演此角色！
3. 和泰汽車能在車子每個生命週期，不斷挖出利潤，即是它的經營祕訣！這也是垂直整合價值鏈打造的最佳模式，值得學習！
4. 很多行業都有全臺經銷商的協助銷售，因此，如何與經銷商共存共榮、互利互榮，是一件重要之事！
5. 總代理商應該要顧好與海外總公司的良好互動關係，才不會被收回代理權！

經營關鍵字學習

1. 營收成長率！
2. 獲利成長率！
3. EPS（每股盈餘）！
4. ROE（股東權益報酬率）！
5. 企業總市值！
6. 股價！
7. 海外總代理商！
8. 收回代理權！
9. 在每個階段，不斷挖出利潤！
10. 製造利潤！代理銷售利潤！周邊延伸利潤！
11. 協助全臺經銷商！
12. 與全臺經銷商共存共榮、互利互榮、生命一體！
13. 與外國總公司保持良好關係！

問題研討

1. 請討論和泰汽車的經營績效如何？
2. 請討論和泰汽車如何在車子每個生命週期，不斷挖出利潤？
3. 請討論和泰汽車如何維繫旗下的八大經銷商？
4. 請討論和泰汽車如何打造與豐田血濃於水的關係？
5. 總結來說，從此個案中，您學到了什麼？

5-2 汎德：總代理臺灣BMW半世紀，就靠4個要訣

1. 進口高級車第二名

　　汎德公司成立已有50多年歷史，並成為BMW汽車在臺灣的總代理長期夥伴；汎德年銷1.6萬臺BMW高級汽車，年營收達416億元，居臺灣進口高級車的第二名，僅次於Benz賓士高級車。

　　汎德公司能夠長期取得德國BMW汽車在臺總代理，它的成功主要靠原廠、經銷商、顧客、售後服務等4個要訣都做得很好、很成功。

2. 要訣1：取得原廠長期的信任

　　汎德公司能夠長期取得原廠的信任，主要是在汎德每年承諾的銷售量都能做到，而且每年都有小幅成長，這是最重要的信賴基礎，也就是汎德每年都能拿出很好的銷售成績，用數字說明一切。

　　再者，汎德總能配合德國原廠的產品策略與布局，例如：德國原廠要執行產品年輕化策略，汎德在臺灣也都相應配合良好，成為全球模範生。

3. 要訣2：把經銷商當成戰略合作夥伴

　　汎德畢竟只是總代理角色，它的汽車銷售，仍要仰賴全臺13家強大的汽車經銷商才行。汎德對經銷商的根本原則，就是一定要讓他們能夠賺錢，不能只有總代理賺錢而已。因此，在定價、行銷、廣告宣傳、教育訓練、融資等各方面，汎德都會給經銷商們快速且良好的協助，希望經銷商能夠全心全力在銷售目標上達成優良業績。

　　汎德每年投入1億元行銷預算在電視廣告及網路廣告上，希望以大量及強勢的廣告播放，全力拉升BMW的品牌聲量及好感度、促購度，這也是對全臺13家經銷商最大的幫助。

4. 要訣3：售後服務

　　汎德公司也很重視汽車的售後服務，沒做好售後服務就不會有良好的客人口碑，也是失敗的汽車銷售。汎德公司的零件供應率是95%，因此，所有要維修的BMW車子都能得到及時、適當的維修，讓客人滿意度提升。

5. 要訣4：打造顧客駕駛樂趣

過去，BMW高級車的使用客人，大都是壯年及中年人居多，以40歲～59歲熟齡人士為主力的高端型顧客。

但現在BMW觀察到客人市場的年輕化，因此推出較小型車款及較低價格，來爭取30歲～39歲的年輕客群，並藉由廣告的年輕化及試駕活動等，來展現BMW汽車的年輕感及都市感。

汎德經營成功的「四角哲學」

| 01 爭取原廠信任 | 02 把經銷商當共戰夥伴 | 03 售後服務跟銷售一樣重要 | 04 創造顧客駕駛樂趣 |

汎德經營成功的銷售對象

高端所得　＋　年輕客層

・擴大營收及獲利成長
・擴大市占率成長

您今天學到什麼了？
── 重要觀念提示 ──

1. 汎德公司是德國BMW汽車在臺灣的總代理商，50多年來都沒有被換掉代理商，顯示汎德的成功！最主要是汎德的銷售業績獲得德國原廠的高滿意度及信任感，信任代表一切！任何企業經營也是一樣，要贏得各方面對公司的信任，才可以長期經營下去！

2. 汎德銷售成功，仍是仰賴全臺經銷商幫助它賣掉汽車，因此，總代理商必須把經銷商當成是戰略合作夥伴，給予充分的尊重及支援協助！唯有經銷商賺錢了，總代理商才會賺錢！

經營關鍵字學習

1. 進口高級車第二名！
2. 取得德國原廠長期的信任！
3. 把經銷商當成戰略合作好夥伴！
4. 全方位支援經銷商的銷售能力！
5. 電視廣告投入，打造汽車品牌力！
6. 提升售後服務等級與品質！
7. 打造顧客駕車樂趣！
8. 爭取年輕客層！
9. 電視廣告呈現年輕化！
10. 市場年輕化趨勢！

問題研討

① 請討論汎德的經營績效如何？

② 請討論汎德如何爭取原廠信任？

③ 請討論汎德如何創造顧客的駕駛樂趣？

④ 請討論汎德如何把經銷商當共戰夥伴？

⑤ 請討論汎德如何重視售後服務？

⑥ 總結來說，從此個案中，您學到了什麼？

Chapter **6**

服飾銷售業

6-1 NET：本土服飾業最大品牌成功經營策略

1. 公司簡介與經營理念

NET服飾公司創立於1991年，好的品質、合理價格、貼心服務，此三者是NET的基本精神。而如何滿足顧客，是NET不斷努力學習的目標。

NET是臺灣本土服飾業最大品牌，年營收約50億元，全臺有156家直營門市店。2010年後，優衣庫（UNIQLO）、Zara、H＆M等國際快時尚品牌相繼進入臺灣市場，但NET並沒有受到太大衝擊，仍持續成長，而且以開大店為原則。

「NET的經營理念，即是讓每一個顧客都能夠以最平實的價格，為各年齡層顧客提供多樣化的穿著選擇，而且在最舒適的門市空間裡暢快享受購物樂趣。」（註1）

「消費者的需求是促使NET開發商品的最大動力，求新、求變、求快是NET未來面對最大的挑戰。」（註2）

NET的經營理念

如何滿足顧客，是NET不斷努力學習的目標

＋

消費者的需求，是促使NET開發商品的最大動力

- 年營收50億元
- 全臺156家直營店
- 全臺最大本土服飾連鎖店

求新、求變、求快是NET未來最大的挑戰

---

2. 成功經營六大策略

NET在過去20多年來，能夠面對國際快時尚的激烈競爭，而仍能保持成長及生存下來，主要依賴下列六大策略：

⑴ 擴增多元化款式，夠多款式選擇

早期NET款式多為休閒基本款，但為因應激烈競爭，於是擴編設計部門，成立4個設計小組，分別為：①男女裝；②男女童裝；③嬰幼兒裝；④鞋包配件等，每個小組有5名設計師，合計20多人的專業服飾設計師。每個設計小組奉公司政策指示要改為多元化款式，要朝夠多款式的發展策略轉型，以發揮差異化策略，強化NET品牌自身特色，形成顧客對NET的獨特印象，並與國外快時尚品牌產生區隔與差異化。

⑵ 壓低代工成本策略

NET為壓低代工製造成本，因此從過去在臺灣本地服飾代工廠，轉向中國大陸專門在做電商服飾品牌的代工廠，可以達成成本低、彈性大及交期允許長一些。而且NET在中國的供應工廠，集中在10幾家，但每家下單量都很大，故可要求壓低成本及提升產品品質。

⑶ 價格要平價策略

NET把自己利潤抓得很低，故使零售價也能壓低，一般實體零售服飾毛利率大約在60%～70%，但NET毛利率僅在40%～50%，與中國電商品牌的平價服飾接近。

⑷ 門市店面多簽10年長約策略

NET全臺門市店面大多是簽訂10年以上長約，比起國際快時尚有先天較低租金的競爭優勢。

⑸ 早年設點均在中南部店面策略

NET早年即在中南部店面租金較低的據點設立門市店，而競爭對手則較忽略在中南部，因此NET在中南部的服飾門市市場較有競爭優勢與做生意空間。

⑹ 朝大店化開店策略

NET經過10多年操作門市店面的經驗顯示，大店雖然房租較高，但營收效益卻較大；因此，近5年來，NET的開店策略已朝向關小店、開大店的方向走，整體經營效益也獲得提升。

NET服飾六大成功策略

1 擴增多元化款式，夠多款式選擇

2 壓低代工成本策略

3 價格要平實策略

4 門市店面多簽10年長約策略

5 早年多在中南部設點

6 朝大店化開店策略

3. 善盡公益責任

NET也高度重視社會公益責任的實踐，以維持對社會的回饋及形塑優良企業形象，包括如下：

⑴ 臺灣921大地震，捐贈災區6萬件衣物。

⑵ 臺灣南部八八風災，捐贈2,000萬元提貨券。

⑶ 日本福島地震核災，捐贈3萬件衣物。

⑷ 捐贈全臺家扶中心2,000萬元提貨券。

4. 結語

NET的六大經營特色，即是：⑴款式多；⑵價格平實；⑶全客層；⑷高CP值；⑸深入中南部展店；⑹做大店化。

近年，NET也上線一個電商品牌網站，朝向電商服飾經營，促進虛實合一發展。

本土服飾業龍頭未來是否持續成長，並突破國際快時尚的夾擊，值得持續觀察。

NET服飾六大經營特色

1 款式多　2 平價　3 全客層　4 高CP值　5 深入中南部展店　6 做大店化

您今天學到什麼了？
—— 重要觀念提示 ——

① 企業經營必須把顧客的內心需求，當成開發商品的最大原動力，如此，開發商品才會成功！

② 企業經營必須把求新、求變、求快當成是面對未來的最大挑戰，如此，才可以不斷保持領先、保持前進、保持第一！

③ NET服飾擴增多元化款式，夠多的款式，可供顧客快樂選擇！

④ 企業經營應發揮差異化策略，以強化自身品牌特色！

⑤ 企業雖然要壓低代工成本，但也要顧及品質！

⑥ 現代連鎖趨勢有朝大店化方向發展，大店化效益比小店化效益更高！

⑦ 企業經營必須善盡社會公益責任，才能長遠經營！

經營關鍵字學習

① 企業社會責任（CSR, Corporate Social Responsibility）！

② 虛實合一發展！

③ 價格平實策略！

④ 全客層！

⑤ 高CP值！

⑥ 大店化！

⑦ 多元款式供顧客選擇！

⑧ 壓低代工成本、提高價格競爭力！

⑨ 差異化策略！

⑩ 品牌自身特色！

⑪ 與同業產品區隔及差異化！

⑫ 打造獨特印象！

⑬ 求新、求變、求快、求更好！

⑭ 滿足消費者需求，解決消費者痛點！

（註1）及（註2）資料來源取材自NET官方網站。

問題研討

① 請討論NET的公司簡介及經營理念為何？

② 請討論NET成功經營的六大策略？

③ 請討論NET做了哪些社會公益責任？

④ 請討論NET的六大經營特色為何？

⑤ 總結來說，從此個案中，您學到了什麼？

Chapter **7**

音樂服務業

7-1 華研音樂：逆勢成長策略

7-1 華研音樂：逆勢成長策略

1. 公司簡介

華研音樂公司成立於民國88年，目前員工人數為110人。主要業務為：⑴流行音樂製作及發片；⑵著作權授權；⑶藝人演藝經紀等三大項。華研的目標願景為：打造全方位音樂與影視娛樂創意平臺；該公司旗下現有藝人35位之多，包括：周蕙、林宥嘉、倪安東、郁可唯、陳昊森、動力火車、莎莎、Olivia等人。華研公司擁有唱片及演藝經紀全權合約，音樂著作權現有2,000多首；該公司的數位音樂授權收入來源，主要有：KKBOX、myMusic、Omusic、YouTube、Spotify、中華電信、台灣大哥大、遠傳電信，以及中國的中國電信、中國移動、騰訊音樂、百度音樂等。華研公司旗下藝人，涵蓋歌手、演員、主持人等。

華研音樂打造全方位音樂與影視娛樂創意平臺

- 多角化布局進軍影視
- 與藝人簽全權合約
- 經營文創領域
- 培育獨立音樂人
- 培養新人

打造全方位音樂與影視娛樂創意平臺

2. S.H.E女子歌團離開

　　2018年9月26日，國內知名的S.H.E女子歌團與華研公司未續約，當日市值少掉5億元，股價創新低。但經過一年多後，到2019年11月20日，華研的股價較2018年9月最低點，反而逆勢上漲8成，每股上升到134元，且淨利及每股盈餘均較去年為高。

　　這一年多來，華研有哪些策略，使公司脫離S.H.E不續約後的逆轉勝？茲說明如下。

3. 五大策略

(1) 多角化布局

　　華研公司在2019年11月入資當年金鐘獎大贏家《我們與惡的距離》製作團隊「大慕影藝」公司，砸下3,000萬元，持股45%。

　　華研公司的目的，主要有下列幾項：

　　① 協助華研從音樂走向影視的引路人，雙方互利互榮。

　　② 藉由合作，雙方可交叉行銷。

　　③ 華研音樂可以與戲劇結合，成為戲劇中的主題曲。

　　④ 大慕熟悉影視及劇本，能帶領華研未來尋找好的投資標的。

　　⑤ 華研也入資能協助大慕團隊擴編組織，協助更系統化產出作品。

　　⑥ 華研可增加投資大慕公司的轉投資收入。

(2) 與藝人簽全權合約

　　華研是少數能夠同時簽下經紀約及唱片約的全權音樂公司，即使藝人合約到期走後，仍能收到該藝人的唱片版權收入。S.H.E藝人雖未續約，但其過去作品版權仍屬華研公司。

　　華研的唱片授權收入，其毛利率高達80%，是經紀約收入的3倍之多，每年靠此收入達9億元。目前該公司擁有2,000首歌曲的著作權。

(3) 經營文創領域

　　華研近幾年來開始轉向文創領域經營，例如：旗下插畫家與大同電鍋結合插畫設計，以及與日本列車合作，推出彩繪列車，華研帶著馬來貘及爽爽貓國內插畫家進軍海外市場，近期與泰國高露潔牙膏廠商討論將插畫印在包裝上，發展IP化。

⑷ 培育獨立音樂人

　　華研還成立唱片子公司「洗耳恭聽」，專門培育獨立音樂人，例如：2019年金曲獎得主流氓阿德，即是一例。

⑸ 培養新人

　　華研也極願意培養新人，給予很大發展空間，並將眼光放遠，長期培育有發展潛力的音樂及演藝人才。

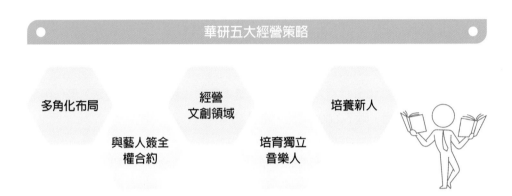

華研五大經營策略

多角化布局　　經營文創領域　　培養新人

與藝人簽全權合約　　培育獨立音樂人

4. 營收結構占比

　　華研2024年總營收為16億元，其中，音樂授權收入占63%，演藝經紀占36%，實體產品占1%；2024年獲利額1.8億元，獲利率達12%。

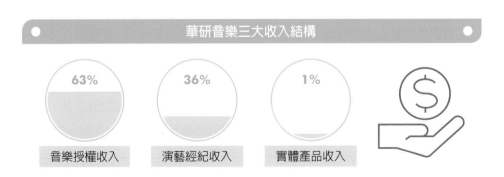

華研音樂三大收入結構

63%　　36%　　1%

音樂授權收入　　演藝經紀收入　　實體產品收入

您今天學到什麼了？
── 重要觀念提示 ──

1. 打造全方位音樂與影視娛樂創意平臺事業！
2. 爭取數位音樂授權收入來源！
3. 企業經營不應侷限於單一產品或單一事業體，在能力許可下，應適度展開多角化布局，才更有成長未來！
4. 與藝人簽全權合約，可以保障公司更多、更穩的收入來源！
5. 華研公司不斷培養新人，不斷培育獨立音樂人，可以成為自己的音樂及演藝人才，擁有自己的IP（智慧財產權）！

經 營 關 鍵 字 學 習

1. 逆勢成長策略！
2. 演藝經紀全合約！
3. 多角化布局！
4. 營收結構比例！
5. 演藝經紀收入！
6. 音樂授權收入！
7. 實體產品收入！
8. 培育新人！
9. 擁有自己的IP收入！
10. 經營文創領域！
11. 從音樂走向影視！
12. 投資影視公司，跨業發展！

問題研討

① 請討論華研的公司簡介為何？

② 請討論S.H.E女子歌團離開華研，是否造成不利影響？

③ 請討論華研逆勢成長的五大策略為何？

④ 請討論華研的營收結構占比為何？年營收及獲利為何？

⑤ 總結來說，從此案例中，您學到了什麼？

Chapter **8**

家具銷售業

1. 公司概況、分區採購、臺灣組裝

　　詩肯柚木創辦人林福勤先生係新加坡人，主要是做進出口生意，在1980年代時，已是新加坡最大的歐洲家具進口商。

　　有一次創辦人到歐洲丹麥去做市場考察，發現北歐丹麥的家具設計很簡單且具美感，因此思考出臺灣詩肯柚木公司的誕生。亦即，產生了下列的經營模式：

　　新加坡設計中心設計北歐風格＋東南亞木材原料配件＋臺灣組裝→在臺灣銷售。

　　後來，林創辦人在臺灣桃園買下1萬坪土地，做為家具的組裝及倉儲物流中心；上述營運模式，主要的好處是模式創新，量產方便，而且會有較高的毛利率可得。

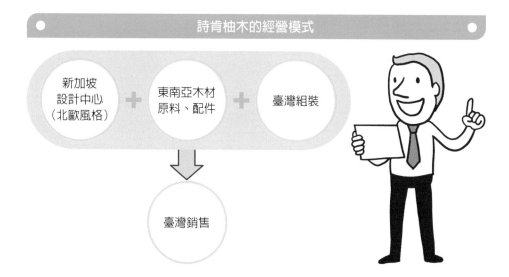

詩肯柚木的經營模式

新加坡設計中心（北歐風格） ＋ 東南亞木材原料、配件 ＋ 臺灣組裝

→ 臺灣銷售

2. 中高價位策略與目標客群

　　詩肯柚木係採取中高價位策略，比起競爭對手IKEA品牌的產品要貴上10%～30%。詩肯柚木創辦人認為定價不能太便宜，太便宜沒人敢買；也不能太貴，太貴很多人買不起；因此，他認為中高價位的家具最好賣。

詩肯柚木主要的銷售客群是都會區的中高所得、中產階級，甚至有錢的家庭都是銷售對象。

3. 直營門市店與高業績獎金制度

詩肯柚木全臺有超過100家直營門市店，門市人員訂有高額業績比例，由於門市人員很精簡，不會有太多人分散獎金，因此，在旺季時，門市業務人員常有領到40萬元的高額獎金，振奮了第一線的銷售服務人員。

此外，詩肯柚木在門市的裝潢、燈光、地毯及擺設上，都帶給顧客一種舒服感及家居感，甚至店內還有喝咖啡的現場服務。

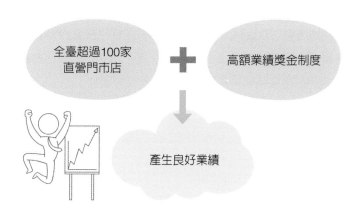

全臺超過100家
直營門市店

高額業績獎金制度

產生良好業績

4. 產品系列與品質保證

詩肯柚木有完整的產品系列，包括：客廳、寢室、餐廳、書房的家具，打造出一個舒適且溫馨的居住環境。

另外，詩肯柚木也極為重視家具的品質保證，其官網上表示：（註1）

「每件詩肯柚木家具都經過嚴謹的品質檢驗，以確保送至您府上的都是最優質的成品；詩肯柚木品質管理稽查員會根據一份全面的項目清單檢查每一件家具，從家具的原料、接合處、配件直到最後修飾部分，每一個環節都不放過。清單項目中只要有一項不合格，就不能過關。

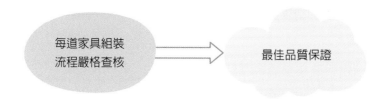

　　這個嚴格的品管小組，確保詩肯柚木精益求精，把最好的產品與服務帶給顧客。」

5. 未來發展與成長策略

　　詩肯柚木林創辦人表示，未來該公司的成長策略，是再繼續開拓經營二個新品牌，即：⑴詩肯居家（Scan Living）及⑵詩肯睡眠（Scan Komfort）。這二個品牌，將會持續深耕床墊及居家這二大項的家具，希望透過多品牌的策略，開拓出更深入及更多元的產品系列，及拉升更高的營收與獲利。

6. 關鍵成功因素

　　詩肯柚木的成功因素，主要可以歸納為下列5項：

⑴ 營運模式的獨特且成功。

⑵ 強大競爭對手不多，此行業進入門檻較高。

⑶ 設計與品質均佳。

⑷ 直營門市店經營成功。

⑸ 品牌名稱命名成功，品牌名稱（詩肯柚木）具有獨特性及吸引力。

 **01** 營運模式獨特且成功

 04 直營門市店經營成功

 02 強大競爭對手不多

05 品牌命名成功

 03 設計與品質均佳

您今天學到什麼了？
—— 重要觀念提示 ——

1 詩肯柚木公司的一條龍服務模式，具有它獨特競爭優勢，模式如下：
新加坡母公司設計＋東南亞木材配件採購＋臺灣組裝→臺灣直營門市店銷售！

2 企業經營必須鎖定自己的企業定位為何？目標客群為何？價格策略為何？才能做好行銷與銷售工作！

3 直營門市能夠打造出自己的通路能力，掌握自己的業績命脈！

4 經營門市，高額的業績獎金不可或缺，如此才能加速業績達成！

5 產品高品質保證，是企業勝出的根本要件！

6 企業採取多品牌策略延伸，可有效擴大成長業績。詩肯柚木、詩肯居家、詩肯睡眠就有3個品牌！

（註1）此段資料來源，係取材自詩肯柚木官網（www.scanteak.com.tw）。

經 營 關 鍵 字 學 習

① 分區採購、臺灣組裝、臺灣銷售！
② 一條龍經營模式！
③ 中高價位策略！
④ 目標客群！
⑤ 直營門市店！
⑥ 高業績獎金！
⑦ 高品質保證！
⑧ 經營3個品牌！多品牌策略！
⑨ 更多元產品系列！
⑩ 品牌命名成功！
⑪ 營運模式獨特且成功！

問題研討

① 請討論詩肯柚木的營運模式為何？
② 請討論詩肯柚木的定價策略及目標客群為何？
③ 請討論詩肯柚木的品質保證為何？
④ 請討論詩肯柚木的成功因素為何？
⑤ 總結來說，從此個案中，您學到了什麼？

Chapter **9**

健身服務業

9-1 健身工廠：全臺第二大健身連鎖事業成功祕訣

1. 公司簡介與經營績效

全臺第二大健身連鎖事業品牌「健身工廠」，其背後的公司，即為柏文公司；該公司在2006年發跡於高雄，從南部出發擴及北部，目前全臺有76個分館。該公司是首家上市的運動健身中心，並於2018年完成SGS服務認證，是亞洲第一家獲得SGS全球服務認證標章的健身品牌。該公司專注於打造專業、舒適、優質的運動環境。（註1）

該公司現有28萬多會員，2024年營收額為29億元，稅前獲利額為5.5億元，獲利率達18%之高。

01	02	03	04
28萬名會員	年營收29億元	獲利率達18%	年獲利5.5億元

2. 靠誠信及好口碑經營

「健身工廠」超過9成的會員採用月繳型，一般每月會費是1,288元，這正是市場的可接受範圍。健身工廠這10多年來，靠著「誠信」默默經營，業務人員也不會強迫推銷，會員間也會口耳相傳、相互推薦，在地化的口碑就建立起來。

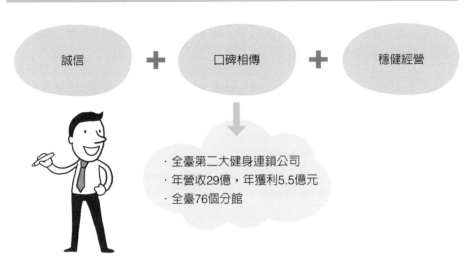

健身工廠經營成功3要素

誠信 ✚ 口碑相傳 ✚ 穩健經營

· 全臺第二大健身連鎖公司
· 年營收29億，年獲利5.5億元
· 全臺76個分館

3. 用心經營

　　健身工廠採用的設備，都是國際一線健身器材品牌，有高品質好用的評價，有很多會員也對這些國際品牌器材有忠誠度。另外，該公司也成立工務部門，每天對器材進行維護及保養，提升器材妥善率。就連清潔也是非常注重細節，光一臺跑步機，就要用四條抹布擦拭跑步機、螢幕、把手及鐵架。

4. 選地原則

　　健身工廠的選地原則是根據「1515原則」，即走路、騎車、開車等交通方式在15鐘內能到，人口達15萬人就可以開一間分館。

　　平均每家店3個月即可以達到損益平衡，這個產業的經營模式是開幕前會做預售，累積會員人數越多，損益兩平機率就越高；到目前為止，健身工廠每個分館都可以損平以上，從沒有收過一個點，只是賺多賺少的差別。目前，全臺會員總人數為28萬人，續約率大約是5成。這5成的會員都是有習慣、喜愛健身的消費者。

5. 申請上市的3項助益

　　健身工廠是唯一上市的健身服務公司，在走入資本市場之後，有三大好處：

一是使募集資金變得更快、更方便，有助於長期與擴大成長經營，拉升企業競爭力；二是可以讓大眾知道健身產業是正面、健康、有保障的，對公司的形象也有正面助益；三是對員工的向心力提高了，從各級幹部到基層員工，大家都有股票，也都可以小賺一筆財務利潤。

健身工廠上市3助益

01 便於募集資金，有助未來成長

02 建立公司良好形象

03 對員工向心力的提升

6. 穩健擴張，不做加盟店

　　健身工廠的經營政策就是堅持直營店、不做加盟店，自己培訓人才，可以有效控制品質水準，如果擴張太快，人才沒有到位也沒用。因此，未來將是穩健與有計畫的擴點，預計到2030年時，總計由目前76個點，成長到90個點。

7. 健身市場的未來成長性

　　目前一般預估，臺灣消費者加入健身中心的滲透率，從10多年前的2%，提升到現在的3%，在全臺灣有將近70萬人。在香港及韓國都超過5%，顯然臺灣相對偏低，大概未來10年～15年才會達到5%，因此，健身產業還在成長期，還沒有到達成熟飽和期。

目前健身中心滲透率為3%（70萬人）　→　未來滲透率成長到5%（100萬人）

您今天學到什麼了？
── 重要觀念提示 ──

1. 企業經營成功要靠：(1)誠信；(2)口碑相傳；(3)穩健經營3項至高原則，才可以永續經營！
2. 服務業經營要注重細節，更要用心經營，把軟體及硬體做好、做到位，才會成功！
3. 服務業經營在地點選擇上非常重要，選對地點才會有業績，選錯地點就可能做不下去！
4. 採取會員制收費的服務業，必須重視會員的續約率！
5. 企業公開發行並申請上市櫃，可為該企業帶來多項好處，值得鼓勵企業都努力爭取上市櫃！
6. 企業連鎖發展，可以快速拓點，也可以穩健拓點，要看每個行業及每個公司條件而定！

經 營 關 鍵 字 學 習

1. 經營績效！
2. 誠信經營！
3. 好口碑經營！
4. 穩健經營！
5. 用心經營！
6. 選址拓點原則！
7. 申請上市櫃！
8. 員工向心力提升！
9. 建立公司良好形象！
10. 健身人口滲透率！
11. 會員續約率！
12. 公開資本市場募集發展資金！

（註1）此資料來源，取材自柏文健身公司官網（www.powerwindhealth.com.tw）。

問題研討

① 請討論健身工廠的公司簡介及經營績效為何？

② 請討論健身工廠經營成功的3要素為何？

③ 請討論健身工廠的選地原則為何？

④ 請討論健身工廠申請上市後的3項助益為何？

⑤ 請討論健身工廠為何不做加盟店？

⑥ 請討論臺灣健身運動市場的未來成長性為何？

⑦ 總結來說，從此個案中，您學到了什麼？

Chapter 10

3C 家電零售業

10-1 全國電子：營收逆勢崛起的策略

1. 公司概況

全國電子成立於1975年，迄今已有40多年，它秉持「本土經營，服務第一」的創業精神，為顧客提供最好的產品及服務。全國電子年營收計182億元，獲利率4%，獲利額為7.2億元。全國電子主要銷售大家電、小家電、資訊電腦、手機、冷氣機等。

2. 廣告策略

全國電子的廣告策略，主力訴求是「足感心」，它希望與顧客每一次的互動中，都能創造出顧客「足感心」的一種感受與感動，並且滿足顧客的需求與想要的。

全國電子廣告策略訴求

足感心

---

3. 營收逆勢崛起的原因

全國電子2019年連續5個月營收額超越過去的老大哥燦坤公司，其根本原因就是近2年來全國電子開了新店型，這個新店型就稱為Digital City（數位城市），也是展現全國電子的重大策略轉型。

迄2024年9月，全國電子的新店型「Digital City」已經開拓了67家，不要小看這67家，它的營收額已占全體15%之高；而其餘的85%，則由傳統的269店所創造。

全國電子傳統店型與新店型的最大不同點有3點：

(1) 坪數大小。傳統店僅有50坪～80坪，店內有些擁擠，而新店型門市有200坪～300坪之大，空間是傳統店的4倍～5倍，空間較大、較新，顧客會覺得很寬敞、很舒服。

(2) 裝潢。傳統店都已經20年～30年了，顯得有些老舊及古板，但新店型則是現代化、明亮化、新裝潢化，顯得很新潮，顧客願意逛久一些。

(3) 產品不同。傳統店以大、小家電為主力，顧客群多為中年人；但新店型除了大、小家電之外，新增加了很多的資訊、電腦及通訊3C產品，年輕顧客群也增多了，使得店內有年輕化感受，增加不少活力感，而不會有太老化的感覺。

新店型也主打體驗服務，很多3C產品都要親身體驗，這對年輕人也是一種吸引力。

至於新店型的租金成本會不會太高，全國電子的實際數字顯示，大型店的營收規模及來客數，是傳統小型店的3倍之多，但房租只多出10萬元，算下來仍划得來；因此，全國電子現在大力改為大店、新店型，而裁掉傳統小店，預計5年內，新店型將達到100間之多。如此，將使全國電子的店面感受整個翻轉過來，而這100店將集中於6都大都市為主力聚焦。未來，這些新店型將成為集銷售、服務、體驗、廣宣四者於一身，達到更多的綜效。

全國電子營收成長原因

推出「Digital City」新店型

以大坪數、全新裝潢、數位產品等吸引消費者

全國電子營收逆勢崛起原因

開出新店型、大店型的Digital City，目前67家 → ・營收超越競爭對手燦坤
・吸引年輕客群
・使全國電子品牌年輕化

4. 加強產品保證、保固

全國近來更加重視大家電的保證，例如：冷氣8年免費延長保固；冰箱、洗衣機5年免費延長保固。此外，全國電子在夏天也推出冷氣獨享總統級的精緻安裝訴求，還有7日內買貴退差價等服務。

5. 行銷策略

全國電子的行銷策略，主要有三大方式：

(1) 電視廣告。主要訴求為「足感心」廣告，每年投入約2,000萬廣告預算，希望力保全國電子品牌優良、感人的好印象。

(2) 零利率免息分期付款。主要為大家電經常有銀行配合免息分期付款的優惠。

(3) 各種節慶促銷活動。例如：破盤價優惠活動、週年慶活動、開學季活動、年中慶活動、父親節活動、母親節活動、中秋節活動等折扣優惠活動。

全國電子行銷三大策略

| 電視廣告（足感心） | 免息分期付款 | 節慶促銷活動 |

6. 關鍵成功因素

總結來說，全國電子成功的因素，主要有5項：

(1) 不斷改革創新：例如Digital City大店型的開展。

(2) 廣告成功：例如「足感心」深入人心，容易記。

(3) 店數多：全臺336店，遍布各縣市。

(4) 產品有保固服務。

(5) 經常性促銷優惠活動檔期：可有效吸引集客，提升業績。

全國電子關鍵成功因素

不斷改革創新，推出新店型

店數多

經常性促銷優惠

廣告成功

產品有保固服務

您今天學到什麼了？
── 重要觀念提示 ──

❶ 全國電子「足感心」廣告策略的成功，將該公司成功塑造成具有特色的優良公司。因此，任何企業應該好好思考如何才能做出叫好又叫座的電視廣告！

❷ 全國電子轉開新店型的成功，可說是創新的成功，任何企業必須從各方面、各角度去努力突破、努力創新，必可創造出營運另一波的成長！可見，「有效創新」是企業經營的根基！

❸ 服務業的產品保證及保固服務，已成為重要事項，必加重視！

❹ 促銷優惠活動，仍是有效集客與提高業績的必要作為！

經　營　關　鍵　字　學　習

① 足感心！廣告Slogan！
② 本土經營，服務第一！
③ 開展新店型策略！
④ 大店型比小店型的效益更高！
⑤ 加強產品保證、保固！
⑥ 營收逆勢崛起！
⑦ 電視廣告投效！
⑧ 節慶促銷檔期！
⑨ 免息分期付款！
⑩ 持續改革創新！

問題研討

① 請討論全國電子2019年連續5個月營收超越競爭對手燦坤的原因為何？
② 請討論全國電子廣告策略的訴求主軸為何？
③ 請討論全國電子的行銷策略為何？
④ 請討論全國電子的5項成功因素為何？
⑤ 總結來說，從此個案中，您學到了什麼？

廣告傳播服務業

11-1 聯廣：臺灣唯一上市的廣告傳播集團

1. 公司簡介

根據聯廣集團的公司官網顯示：（註1）

「聯廣傳播集團，成立於1970年創立的聯廣廣告公司，是臺灣本土最大、歷史最悠久的廣告公司。聯廣集團也是最深耕臺灣市場的全媒體整合傳播集團，由橫跨市調、廣告、公關、活動、數位、媒體購買、國內外展場、主題館及各種商業空間的設計統籌等9家子公司組成，滿足企業主與品牌的多元需求，擬定不同的溝通傳播策略，製作高品質的傳播內容，在今日多變的行銷環境中為客戶搶得先機，贏得市場。」

「2016年，聯廣傳播集團成為臺灣第一家上市的廣告文創集團，再度開創廣告界新局，以更豐沛的創意力、技術力、經營力與資金，提供客戶更卓越的廣告內容與行銷手段，與客戶打造無可匹敵的競爭優勢，這也正是聯廣傳播集團再創巔峰的新里程碑。總之，聯廣的信念，就是認為：唯有客戶成功，聯廣才算成功。」

2. 聯廣旗下子公司及事業體

聯廣傳播集團包括四大事業中心，如下：

⑴ 廣告事業中心（聯廣、聯眾、聯樂、聯準4家公司）。

⑵ 公關事業中心（聯太、聯勤、聯一3家公司）。

⑶ 媒體及數位事業中心（2008傳媒公司）。

⑷ 會展及特展事業中心（光洋波斯特公司）。

亦即，聯廣集團橫跨了：廣告、公關、媒體及會展四大事業領域。

3. 聯廣公司組織架構

聯廣母公司的組織架構，如下圖所示：

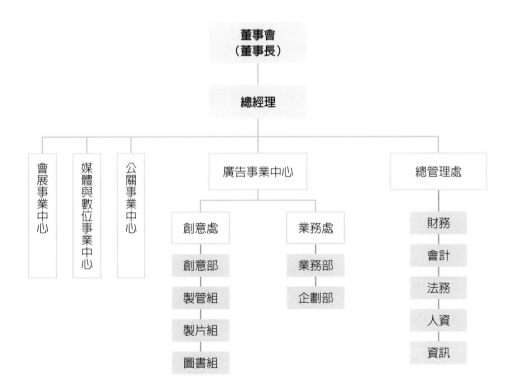

4. 經營績效

聯廣集團年營收額為26億元，獲利額為1.5億元，毛利率27%，獲利率5%。其中，聯廣廣告公司營收為14億元，會展為5.4億元，公關事業為3.5億元。

5. 擅長領域

聯廣傳播集團的七大擅長領域，包括：

(1) 發展洞悉消費者的行銷策略。

(2) 提供精準高效的媒體企劃與購買。

(3) 創新多媒體的廣告片製作。

(4) 建構多元生動的數位行銷。

(5) 擁抱以人為本的公眾關係。

(6) 以實用行銷為出發的市調分析。

(7) 接軌全球的展場行銷及設計。

聯廣集團七大擅長領域

01 洞悉消費者的行銷策略

02 媒體企劃與媒體採購

03 多媒體廣告片製作、企劃

04 生動的數位行銷

05 公關企劃與執行

06 實用行銷的市調分析

07 展場行銷與設計

6. KHL（達勝基金）入主聯廣，打造臺版WPP集團

2015年8月，聯廣董事長余湘女士將聯廣的股權移轉給KHL（達勝基金），自己繼續擔任董事長；2016年，KHL買下會展龍頭老大的光洋波斯特公司；2017年又入股臺灣最大公關公司先勢傳播集團及臺灣最大數位行銷公司米蘭營銷公司。WPP集團是全球最大的廣告傳播集團；聯廣及KHL基金就是要組臺灣隊，效法WPP集團，透過併購同業，躍升本土廣告傳播集團的龍頭地位。

7. 未來三大成長策略

未來聯廣傳播集團的三大成長策略，分別如下：

(1) 持續擴大原有四大事業中心的服務，持續併購國內中小型廣告、數位、公關及媒體採購等公司，以拉升營收額及擴張同業市占率。

(2) 擴大跨足延伸廣義的傳播領域，例如：媒體、製片、活動公司等。

(3) 增加新科技服務，成為數位媒體的領頭羊，融合傳統媒體＋數位媒體的全媒體服務提供者。

聯廣集團未來成長三大策略

| 01 持續擴大及併購四大事業中心業務 | 02 擴大延伸更廣義的傳播領域 | 03 加強數位媒體新科技服務 |

（註1）本段資料來源，取材自聯廣集團公司官網（www.ucgroup.com.tw）。

您今天學到什麼了？
── 重要觀念提示 ──

1. 聯廣集團是本土國內最大的廣告傳播集團，旗下有多種專業功能的各種子公司。這些專業公司也正是為各品牌公司，打造品牌形象的最佳合作夥伴！

2. 任何廣告公司都知道：唯有客戶成功，才算是自己的成功！此處客戶的成功，是指客戶的品牌打造成功，以及業績目標能夠達成！因此，任何企業必須慎選優良的廣告傳播公司才行！

3. 一個完整的廣告傳播集團，必會擁有下列功能：廣告企劃與製作、公關、會展、媒體企劃與採購、媒體關係、記者會、大型活動舉辦等。

4. 聯廣集團也是靠併購策略，然後才加速擴大成長！

經 營 關 鍵 字 學 習

1. 全媒體整合傳播集團！
2. 本土最大廣告公司！
3. 製作高品質電視廣告片！
4. 為客戶搶得先機！
5. 唯有客戶的成功，我們才算成功！
6. 廣告事業中心！
7. 公關事業中心！
8. 媒體及數位事業中心！
9. 會展事業中心！
10. 媒體企劃與媒體採購！
11. 洞悉消費者！
12. 打造臺版WPP集團！
13. 併購同業！
14. 擴大跨足更多事業！
15. 融合傳統媒體＋數位媒體，成為全媒體服務！

問題研討

1. 請討論聯廣的公司簡介及經營績效為何？
2. 請討論聯廣旗下四大事業體及子公司為何？
3. 請討論聯廣如何打造臺版WPP集團目標？
4. 請討論聯廣未來成長三大策略為何？
5. 總結來說，從此個案中，您學到了什麼？

代理商服務業

1. 公司簡介及代理品牌

恆隆行最早成立於1960年，最初只是代理照相機及周邊產品。

但自1990年後，由於整個消費環境的改變，恆隆行開始將代理範圍擴展到居家、家電、廚具等用品。

目前，恆隆行代理國外的知名品牌，計有：Dyson（戴森）、Honeywell、Coway、Oral-B、Omron、Oster、Twinbird、Panasonic Battery等。而在產品項目方面，則包括：吸塵器、空氣清淨機、淨水器、風扇、電熨斗、手電筒、電池、咖啡機、果汁機、麵包機、平底鍋、炒鍋、氣泡機等20多種品項。由於經營得當及選品佳，近10年來，每年都有雙位數的經營成長；2024年年營收額約92億元之多，為國內前三大代理品牌之大型貿易商；其中，英國Dyson品牌的業績就占近60%之多。

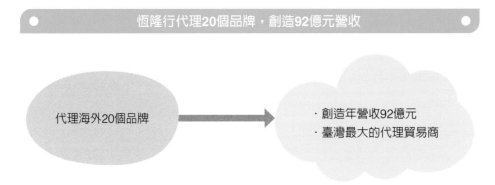

恆隆行代理20個品牌，創造92億元營收

代理海外20個品牌　→　·創造年營收92億元
·臺灣最大的代理貿易商

2. 代理英國知名Dyson品牌，快速拉升公司業績

Dyson原為英國知名的家電品牌，主要以吸塵器及吹風機產品知名。10多年前，恆隆行透過英國貿易駐臺代表處的介紹，協助取得該公司在臺灣市場的獨家代理權。隨著臺灣國民所得的提升，以及對家庭吸塵器的實際高度需求，Dyson吸塵器主打女性族群及金字塔頂端客層。後來，恆隆行在行銷策略主打「吸塵器界的賓士」、「家電中的精品」等口號，在消費者之間產生良好口碑，開始帶動

Dyson的銷售。到現在,每年Dyson產品系列在臺灣的年銷售量已突破30萬臺。這都是恆隆行多年來鍥而不捨的努力,第一線人員在行銷宣傳,以及媒體諸多報導上,所獲致的良好成果;如今,Dyson在臺灣已成為高端家電產品的代表品牌,特別是吸塵器及吹風機賣得非常好。

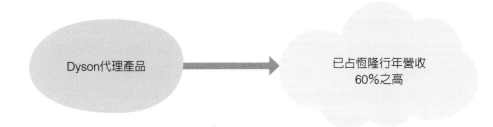

3. 空氣清淨機市占率超過5成

恆隆行代理空氣清淨機就有3個知名品牌,包括Honeywell、Coway及Dyson等3個國外品牌;由於它們在國外市場都是知名品牌,而且在功能成效上很顯著;此機對臺灣不好的空氣,具有清淨效果,因此受到國內諸多消費者的青睞及選購,此3個品牌銷售的合計市占率,已高達50%之多,也是恆隆行所代理諸多產品中,營收額排第二名的優質產品。

4. 銷售通路據點

根據恆隆行的官網顯示:(註1)

恆隆行代理產品的主要銷售通路據點,以設在百貨公司、大型購物中心的專櫃及專區陳列為主。包括:SOGO百貨、微風百貨、新光三越百貨、遠東百貨、遠東巨城、漢神百貨、統一時代百貨、誠品生活、中友百貨、臺茂購物中心、三井Outlet、秀泰廣場、南紡購物中心、大魯閣等60多個知名百貨、購物中心的銷售據點。此外,在虛擬通路網購方面,也上架到momo購物、雅虎購物、PChome購物及蝦皮購物等。

5. 做好售後服務

由於恆隆行代理的產品都以小家電及廚具、鍋具等為主,不免有修理的售後服務需求,因此,恆隆行也非常重視這方面的人力、物力投入。特地在桃園成立

每天12小時的專屬人員客戶服務；服務時間從每天早上8點到晚上8點；只要顧客有修理上的需求，恆隆行規定工程師必須在24小時到顧客府上完成修護工作，此項工作成效，亦獲得顧客好評，一致認為有好產品＋好服務，是恆隆行好代理商的總體表現。

6. 帶給消費者美好生活

恆隆行的企業經營理念，就是透過獨家總代理的方式，將海外各先進國家的好產品代理引進到臺灣，讓家家戶戶都擁有恆隆行的好產品及好服務，希望消費者都能擁有美好的生活風格，進一步提升他們的生活品質及快樂居家生活。

未來恆隆行將進一步代理美妝及廚具品類，以保持恆隆行每年不斷的二位數營收成長率，並進一步邁向國內第一大國外品牌的代理貿易公司。

恆隆行擁有美好的生活風格

企業願景　→　臺灣家家戶戶都擁有美好的生活風格

（註1）此段資料來源，取材自恆隆行官網，並經大幅改寫而成。

您今天學到什麼了?
── 重要觀念提示 ──

1. 代理國外知名品牌進來銷售,是一種大貿易商的經營模式!
2. 恆隆行代理到英國知名家電品牌Dyson,可以快速拉升該公司業績,此顯示代理商有精準的眼光,必可以成功銷售國外品牌到臺灣!
3. Dyson產品定位在「家電中的精品」,其定價較高,客層設定也偏向中高所得的女性!
4. 代理家電產品必須注意提供良好且快速的售後服務,才會產生好口碑!

經營關鍵字學習

1. 代理國外知名品牌!
2. 雙位數營收成長!
3. 大型貿易商!
4. 快速拉升公司業績!
5. 英國Dyson知名家電品牌!
6. 家電中的精品!
7. 行銷策略主打!
8. 金字塔頂端客層!
9. 市占率!
10. 銷售通路據點數!
11. 做好售後服務!
12. 獲得顧客好評!
13. 24小時完成修護的承諾!
14. 帶給消費者美好生活!

問題研討

① 請討論恆隆行代理哪些國外知名品牌及品項？

② 請討論恆隆行代理英國Dyson吸塵器的銷售狀況如何？

③ 請討論恆隆行未來代理產品的方向為何？

④ 總結來說，從此個案中，您學到了什麼？

Chapter 13

加盟平臺服務業

13-1 六角國際：加盟品牌平臺中心的成功開拓者

1. 企業概況與願景

　　六角國際公司成立於2004年，並於2015年在國內證券市場上櫃掛牌。六角國際公司的經營模式就是朝向多品牌的餐飲事業加盟品牌平臺中心為發展模式。目前，六角國際開發出來的餐飲品牌已超過9個，其中最知名的就是「日出茶太」手搖茶事業品牌；其他還有日式豬排、牛肉麵、炸牛排、英式輕食、日式餃子等，目前這些品牌的加盟店已遍及全球6大洲及60個國家，具有相當的全球化布局。

　　六角國際公司的長期發展願景，即是邁向「國際餐飲品牌平臺」，並把東方的美食推展到全世界。

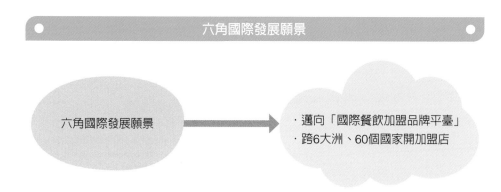

2. 六角國際的四大經營模式

　　根據六角國際官網的顯示，該公司計有四大經營模式，如下：（註1）

⑴ 自營品牌授權國內外代理經營或加盟經營

　　包含營運指導、門市設計規劃、產品研發、教育訓練、行銷支援、原物料及設備供應等，此為六角國際當前最主要的經營模式。

⑵ 代理國際品牌來臺經營展店

即代理國外優質品牌於國內展店經營，或是再代理到其他國家發展。

⑶ 品牌委任代理經營

即接受國內連鎖品牌委託，向海外發展連鎖體系，並參與支援實行營運。

⑷ 股權戰略合作

即與中國餐飲集團合資合作，進軍中國手搖茶市場。

六角國際的四大經營模式			
01	自營品牌授權國內外代理經營或加盟經營	03	品牌委任代理經營
02	代理國際品牌來臺經營展店	04	股權戰略合作

3.「日出茶太」的海外**3**種收入來源

「日出茶太」在海外當地的收入來源，主要有3種：一是從臺灣販賣茶飲料及水果飲料的原物料、設備給海外當地國總代理商，賺取應有的利潤；二是向海外授權總代理商每年收取固定的年費；三是海外加盟店每杯銷售抽3%的品牌授權金。

此3種收入，亦可視為臺灣總公司對海外各國總代理商收取IP（Intellectual Property）授權費收入。

六角國際海外3種收入		
販售原物料及設備收入	每年固定授權年費收入	加盟店每杯銷售抽3%收入

4. 海外嚴謹品管及管控

六角國際在臺灣總公司成立「國際營運管理部門」及「原物料品管部門」兩個監管單位，以免海外事業出差錯。

「原物料品管部門」的工作，即是對即將出口到海外各國的原物料，例如：茶葉、水果、糖等進行食品安全的檢驗過程，以確保海外食安保證。而「國際營管部門」則是針對海外各國總代理商及各國加盟店，進行必要的經營查核、現場稽核以及SOP標準作業流程之鞏固執行，以確保海外營運流程都很順暢，不出差錯。

5. 關鍵成功因素

六角國際已是上櫃公司，該公司近幾年快速發展，其成功關鍵因素，計有下列5項：

(1) 經營模式明確、可行且能獲利

六角國際以「全球化加盟品牌營運中心平臺」為經營模式，具有明確、可行及能獲利的特性。目前以「日出茶太」手搖飲最為成功，日後將有其他品牌亦會拓展國際市場。

(2) 海外合作夥伴佳

六角國際有一套識別海外總代理商的標準作業流程及眼光判斷能力，都能找到當地最佳的合作夥伴，此事就成功一半了。

(3) 快速在全球展店

六角國際認為近幾年海外市場空間仍很大，因此，加快速度全力指示海外總代理商複製加盟店的拓展，以先入市場、占有市場、提升市占率為首要目標。

(4) 產品好吃

「日出茶太」手搖飲及水果茶配方優良，原物料品質佳，因此，產品力很強，受到海外當地消費者的好評口碑行銷。

(5) 有嚴謹品管及海外運作管控

六角國際雖然信任海外總代理商及加盟店的授權運作，但仍必須定期稽核，才不會出問題。

六角國際5項成功因素

01 經營模式明確、可行且能獲利

04 產品好吃

02 海外合作夥伴佳

05 有嚴謹品管及海外運作管控

03 快速在全球展店

您今天學到什麼了？
── 重要觀念提示 ──

❶ 六角國際公司的經營模式，就是打造一個多品牌的餐飲專業加盟品牌平臺！目前，最知名的第一個品牌，即是「日出茶太」手搖茶專業品牌！該品牌目前遍及全球60個國家，已有3,000家加盟店！

❷ 「日出茶太」的海外收入來源，主要有3種：
(1) 銷售原物料及設備。
(2) 收取固定加盟年費。
(3) 抽取每杯銷售金額3%權利金。

❸ 此種經營模式要做得成功，必須原物料品質做好，再加上對這些海外授權商適當做好管理，不要發生問題！

（註1）此段資料來源，取材自六角國際公司官網（www.lakaffagroup.com）。

經 營 關 鍵 字 學 習

❶ 證券市場上櫃掛牌！
❷ 邁向「國際餐飲加盟品牌平臺」！
❸ 跨6大洲、60個國家、3,000多家加盟店！
❹ 四大經營模式！
❺ 「日出茶太」手搖飲海外拓店達3,000店！
❻ 海外收入3種來源：
　⑴ 賣原物料及設備！
　⑵ 收取固定加盟年費！
　⑶ 每杯銷售抽3％！
❼ 海外嚴謹授權管理！
❽ 快速全球加盟展店！

問題研討

❶ 請討論六角國際公司的現況及願景為何？
❷ 請討論六角國際的四大經營模式為何？
❸ 請討論日出茶太的海外3種收入為何？
❹ 請討論六角國際如何管控海外當地國？
❺ 請討論六角國際的成功關鍵因素為何？
❻ 總結來說，從此個案中，您學到了什麼？

Chapter 14

文具連鎖零售業

14-1 金玉堂：文具連鎖店領導品牌的轉型策略

1. 公司簡介

金玉堂文具公司創立於1997年，以大型批發商業模式為基礎，結合當時最先進的「連鎖加盟總部」與「物流中心」概念，創立「金玉堂批發廣場」文具零售事業，此舉不僅開發了文具連鎖加盟體系的先驅，並奠定業界領導品牌的基礎。（註1）

2. 面對3大困頓

2008年，寶雅及小北百貨等通路紛紛賣起文具，使得金玉堂的文具生意被瓜分市場，且其營收額一直下滑，此為困頓之一。再加上當時高階主管出走，帶走30多家加盟店，換上新招牌成為競爭對手，此為困頓之二。再者，文具業也因少子化，自然使市場萎縮，此為困頓之三。

金玉堂面對三大困頓，必須轉型

面對同業的競爭，瓜分市場

面對少子化，市場萎縮

面對高階主管出走

從文具店，轉型為文具＋生活日用品店

---

3. 轉型策略成功

金玉堂面對上述困頓，決定轉型，並用了10年時間，從純文具店轉型成為文具生活百貨店，不能只賣文具，同時也轉型賣衛生紙、手錶、襪子、香水等日用品、雜貨。

結果，10年來店數成長1倍，營收額達到20億元；客群主要是5成的家庭客，媽媽帶小孩買文具，就順便買衛生紙，讓顧客能夠「一站式購足」，現在家用生活百貨已占全年營收的5成之多。

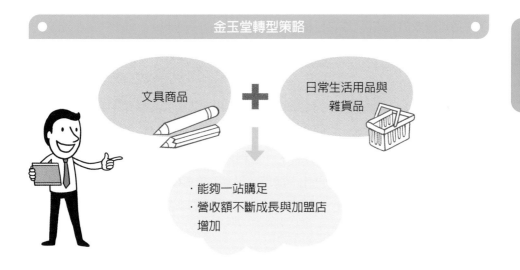

金玉堂轉型策略

文具商品

＋

日常生活用品與雜貨品

・能夠一站購足
・營收額不斷成長與加盟店增加

4. 轉型後的管理改革

2010年起，公司花3,000萬元，投資IT資訊系統與POS系統，並提升進、銷、存管理系統；2011年起，又花1.6億元蓋新倉儲物流系統，提升整個供貨上架管理的效率與效能。

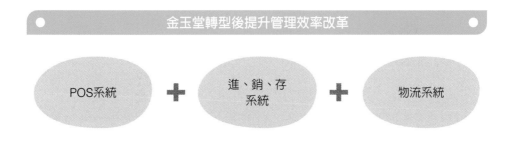

金玉堂轉型後提升管理效率改革

POS系統　＋　進、銷、存系統　＋　物流系統

5. 放手讓加盟主自選6成品項

金玉堂的文具品項占整體的4成，而且是該公司的強項，由加盟總部負責採

購，另外6成的日用生活百貨商品不是強項，加盟主可依各自商圈的特性，從總部提供的1萬多筆品項，自由挑選適合的。另外，還保留10%品項，可跳過總部，完全由加盟主自己採購。

　　金玉堂累積近10年來的摸索，終於逐漸抓住顧客需求，在文具業市場衰退下，每年營收仍有成長1成之佳績。

6. 經營理念

　　金玉堂的經營理念，主要有3項：（註2）

⑴ 以「成為顧客最佳的文化生活補給站」為理念，傳達「全新文化生活型態」為企業使命。

⑵ 提升經營績效，提供加盟主「低風險、高保障、穩定獲利」的創業環境，以創造「顧客、門市、總部」三贏的營運模式為目標。

⑶ 為顧客挑選最優質、最流行、最值得信賴的商品，打造具有文化使命的事業體系。

您今天學到什麼了？
── 重要觀念提示 ──

❶ 請討論金玉堂公司連鎖店面對三大困境，它的轉型策略就是從純粹的文具店，轉到文具＋生活日用品連鎖店，終於成功存活下去！

❷ 任何企業面對經營困境時，必須仔細分析思考「該轉型到哪裡去？」才能順利成功轉型！

❸ 最主要還是必須植根於顧客的需求，亦即文具不是顧客每天的必需品，因此，轉向顧客每天需求的日常消費，就會成功！

（註1）及（註2）資料來源取材自金玉堂公司官網（www.jytnet.com.tw）。

經營關鍵字學習

1. 面對三大困頓！
2. 轉型策略成功！
3. 轉型為：文具＋生活日用品店！
4. 一站式購足！
5. 轉型後的管理效率改革！
6. POS系統！
7. 進、銷、存系統！
8. 物流系統！
9. 加盟主自選6成品項！
10. 成為顧客最佳的文化、生活補給站！

問題研討

1. 請討論金玉堂公司在2008年時，曾面臨哪三大困頓？
2. 請討論金玉堂公司的轉型策略是轉到哪裡？
3. 請討論金玉堂公司在2010及2011年有哪些管理系統的改革？
4. 請討論金玉堂公司為何要讓加盟店可以自己選品項？
5. 請討論金玉堂公司的3項經營理念為何？

第二篇
製造業個案篇

Chapter **15**

高科技業

15-1 台積電：前董事長張忠謀的領導與管理

張忠謀先生為台積電前董事長，他數十年來帶領台積電邁向世界級企業及全球最大晶圓代工廠的經營管理之道，值得大家參考學習。

《商業周刊》特別撰寫一本張忠謀先生在台積電各種經營、管理與領導的訪談記錄，該書名為《器識》，茲將其內容摘述如下重點。

1. 給未來領導人的建議

張忠謀董事長給未來領導人年輕世代，有以下幾點建議：

(1) 確認你的價值觀。他認為未來領導人的價值觀非常重要，例如：誠信就是明顯的價值觀之一。

(2) 確認你的目標。

(3) 在你的工作上展現出最極致的能力。

(4) 學習比你職位高一階主管的工作，學習它，但不要對你的上司造成威脅。

(5) 要培養出團隊精神，不能太個人英雄主義。

(6) 領導人必須保持好奇心及持續學習的能量，而且持續不斷的學習。

(7) 領導人必須能夠感測到危機與良機；預測危機，並趕快採取行動，避免發生；而且也要預知良機，所以能夠善加利用良機，壯大企業規模。

張忠謀給領導人的7項建議

確認價值觀	確認願景目標
展現工作極致能力	學習長官的工作
團隊精神	持續學習
能預知危機與良機	

2. 願景目標與價值觀（企業文化）

張忠謀前董事長還認為，企業必須要明確知道公司的願景目標，否則被員工問到而答不出來的時候，大家會覺得公司沒有願景，也沒有目標。

公司負責人必須找出一個較高層次的，可以讓員工視為長遠的目標，至少是10年、20年可達到的目標。

另外，張忠謀前董事長還認為公司必須要有自己的價值觀或企業文化。他認為如果一家公司有很好、很健康的企業文化，即使它遭遇困境，也會很快的再起來。

台積電的願景目標，就是成為全球最大的、首屈一指的專業晶圓代工廠。

台積電願景目標

成為全球最大的、首屈一指的
專業晶圓代工世界大廠

3. 十大經營理念

張忠謀前董事長列出他在領導台積電時的十大經營理念，如下：

⑴ 堅持職業道德。

⑵ 專注晶圓代工本業。

⑶ 國際化放眼全世界。

⑷ 追求永續經營。

⑸ 客戶為我們的夥伴。

⑹ 品質是我們的原則。

⑺ 鼓勵創新。

⑻ 營造有挑戰性及樂趣的工作環境。

⑼ 開放式管理。

⑽ 兼顧員工及股東權利，並盡力回饋社會。

4. 領導人最重要的功能：給方向

張忠謀前董事長認為領導人固然要激勵部屬，可是底下員工究竟要做什麼事情？要往哪裡發展？這才是最重要的。他強調領導人最重要的功能是：知道方向，找出重點，想出解決大問題的辦法與對策，這也是檢驗一個好的領導人的主要條件。

企業領導人三大功能

知道方向　　找出重點　　激勵員工

5. 成功的領導：強勢而不威權

張忠謀前董事長認為，威權領導是完全倚賴權威，是一種「一言堂式」的領導。但是強勢領導的特質，則包括：

⑴ 對大決定有強大的主見。

⑵ 常常會徵詢別人的意見。

⑶ 對方向性及策略性以外的決定從善如流。

張忠謀前董事長個人比較喜歡強勢領導，他相信成功的領導一定是強勢領導，因為一個領導者要帶領公司的方向，如果沒有主見，那要領導什麼呢？

6. 建立公司五大競爭障礙

張忠謀前董事長認為建立公司的進入障礙，也是很重要的一件事，他認為公司有五大進入障礙：

⑴ **低成本**

在公司策略中，最普遍的競爭障礙，就是低成本。但他認為比競爭者低的成本，大家都會努力做到，所以降低成本並不算是一個好的進入障礙。

（2）先進技術

這只是少數人能擁有的進入障礙，可以給予成功者一個好的定價權；一個公司如果持續有先進技術及新產品，就會成為最有效的進入障礙。

（3）智慧財產權

張忠謀認為企業如果有智財權的法律保障，就會使進入障礙更加鞏固堅強。

（4）服務

進入障礙還有一項與客戶的關係，亦即與客戶的服務好不好、堅不堅固，如果客戶認為兩者間非常良好，服務、口碑也很好，那客戶就會很放心且忠誠的與我方繼續往來。

（5）品牌

公司有優良信用與強大品牌，會形成很好的品牌資產，這就是永久的信賴保證與象徵。

台積電建立公司五大競爭進入障礙

01 低成本　02 先進技術　03 智慧財產權　04 加值服務　05 品牌（聲譽）

（註）本個案資料來源，取材自《商業周刊》、《器識》等書，但經大幅改寫。

您今天學到什麼了？
──重要觀念提示──

1 企業願景目標！
2 企業價值觀！
3 企業文化（組織文化）！
4 追求企業永續經營！
5 領導人要給正確方向！
6 建立進入障礙！
7 擁有領先的先進技術！
8 品牌與聲譽是企業的核心生命所在！

切記　　高階領導人三大功能

掌握方向 ➕ 找出重點 ➕ 激勵員工

企業必能成功

問題研討

① 請討論張忠謀前董事長給未來領導人的7項建議為何？

② 請討論何謂願景與企業文化？

③ 請討論領導人最重要的功能為何？

④ 請討論成功領導是強勢而不威權的意思何在？

⑤ 請討論建立公司的五大進入障礙為何？

⑥ 總結來說，從此個案中，您學到了什麼？

15-2 大亞集團：著眼未來與新興機會，企業才能真正永續經營

1. 公司簡介

大亞集團成立於1955年，迄今已有70年之久，該公司主要生產台電公司使用的高壓橡膠電線電纜。2024年，該集團營收達268億元，獲利8.5億元，EPS為1.3元。

大亞集團於1988年上市，近幾年來轉型定位為「能源串接的領導品牌」，提供能源的產生、傳輸、轉換、儲存到管理的完整能源鏈服務之集團。

2. 思考未來成長方向

幾十年來大亞集團都是做高壓電線電纜的高階產品，但沈尚弘董事長認為不能一直做此事業而已，這樣大亞就沒有未來性了。

後來，他們找了外部企管及產業顧問一起開會討論、思考分析，終於打破框架，轉型擴張朝向以事業定位，即：能源的產生、傳輸、轉換、儲存到管理，我們稱之為「能源鏈」，也成為大亞新願景：「能源串接的領導品牌」。

3. 人無近憂，必有遠患

沈董事長指出，企業經營必須時刻抱持「危機意識」與「憂患意識」。他認為，企業經營不會一路／一世平順、無風也無雨，所以，他隨時分析及觀察有哪些近期的困頓點及問題點，且立即解決，如此才不會有遠患發生，屆時一切都來不及了。

4. 永續，就是要投資未來

沈董事長認為，企業要永續經營下去，最重要的一個原則就是要「投資於未來」。

他認為，企業絕對不能守舊現成的事業或營收，一定要朝未來新興產業、新興機會努力去開拓，努力投資下去，最終就會開花結果。沈董事長堅持：企業永遠要提前找出未來第二條、第三條的成長曲線，才能永續經營。

但，沈董事長也指出投資未來及尋找未來成長曲線，要做好3點準備才行：

⑴ 人才準備。

⑵ 資金準備。

⑶ 技術準備。

有了這3項準備，投資未來才會成功。

5. 如何看待人才

沈董事長認為，所謂的「人才」，應該區分為3個成分：

⑴ 「人格」（或品德）最重要：就是指員工的正直誠信、具團隊心、與同事好相處、能合作、不營私舞弊、無派系鬥爭。

⑵ 「向上動力」（Motivation）：有些人才不錯，但是你要給他高升，負責更多的事、管更多的人，他就不要了，這種人才就是缺乏向上力爭的動力及動機，很可惜。

⑶ 「專業能力」：每個人才都要有他們的專業能力，但專業能力也要與時俱進及不斷精進學習，特別是技術面與科技研發面的能力，更是要超越同業競爭對手才行。

總之，沈董事長的用人哲學就是：「人沒有萬能，人都有優點及缺點，你要知道及多運用他的優點，同時避開他的缺點，讓每個人都能得到最大潛能的發揮及應用。」

6. 領導哲學

領導哲學可區分為威權型、民主型、參與型、獨斷型、團隊型等多元化型式。沈董事長表示：「我的領導模式是會讓相關一級主管先表達決策的看法及意見，但當大家分歧的時候，最後，我是董事長，我一定要提出我的最後決斷及決定。」

總之，領導哲學最好是能讓團隊成員人人表達意見與看法，以達成共識的一致性，讓大家朝同一個方向努力，如此才會產生力量，而不是內耗。

7. 「創新、求變」是企業文化的根基

沈董事長指出，大亞70多年磨練出來的企業文化或組織文化，主要聚焦在二大根基：

⑴ 創新：就是全員及全體組織必須擁有創造力及革新力，不管是：人、組織、技術、研發、產品、服務、設計、功能，都要時時創新與創造能力。

⑵ 求變：就是做事的方法、策略的方向、事業體的選擇、組織的設計等，都要有改變力及變革力。

沈董事長認為，只要組織內每個員工、每個單位能達成創新＋求變，大亞集團就能百年永續經營下去了。

經 營 關 鍵 字 學 習

❶ 思考未來成長方向！
❷ 人無近憂，必有遠患！
❸ 永續，就是要投資未來！
❹ 人才的品德最重要！
❺ 要創新、要求變！
❻ 傾聽後再做決策！
❼ 改革力！變革力！

問題研討

❶ 請討論大亞公司的簡介為何？
❷ 請討論大亞公司如何提高布局，思考未來成長方向？
❸ 請討論沈董事長的「人無近憂，必有遠患」的意涵為何？
❹ 請討論沈董事長的「永續，就是要投資未來」的意涵為何？
❺ 請討論沈董事長如何看待人才？
❻ 請討論沈董事長的領導哲學為何？
❼ 請討論大亞公司企業文化的根本是什麼？
❽ 總結來說，從此個案中，您學到了什麼？

15-3 佳世達：併購心法

1. 公司簡介

佳世達前身為明基電通公司，成立於1984年。2014年，陳其宏接任佳世達總經理，亟欲整頓處在營運低谷的公司；由於代工事業毛利率低，成長幅度有限，陳其宏總經理想出解方，即透過併購，讓其轉投資的公司們成為成長的第二條腿。

佳世達目前已成為集團型大艦隊，年營收2,400億元，EPS 4.2元，獲利10年內成長10倍。其營收結構：資訊占43%、醫療占12%、智能方案占16%、網通占15%、IT高附加價值占8%。

2. 四大併購心法

現任董事長的陳其宏，在執行上有四大併購心法，如下：

⑴ 只投資賺錢的公司，虧錢的公司絕不投資，因風險太大；而且其財務體質須健全，有足夠現金流、有自我茁壯成長能力。

⑵ 聚焦醫療、AIoT、網通產業，非此三大領域絕不投資，錢花在刀口上，因公司資源是有限的。

⑶ 組建特助群提供幕僚，參與投資評估、談判，建立與投資公司的連結。

⑷ 投資後管理的SOP，定期追蹤成長率，訂定行動計劃。

3. 分析併購成功3原因

臺灣併購協會理事長黃齊元分析，佳世達集團併購成功的因素，可以歸納幾點如下：

⑴ 佳世達集團能擬定非常清楚的大戰略，心中早有藍圖，明確決定三大產業。

⑵ 併購決策明快、不糾結，不做惡意併購，更重視綜效。

⑶ 對專業經理人的授權空間大，KPI與獎勵機制也訂得很清楚。

4. 投資後管理

陳其宏董事長表示，併購完成不代表工作結束，投資後管理有一個SOP，若

沒有達成目標，就得提出行動計劃，告訴大家如何追上，並訂出每家子公司每年
40%營收成長率。

5. 結語

　　陳其宏董事長表示，併購的同時也要同步「併人心」、「穩定人心」，讓被
併購的公司能夠穩定發展及成長。總之，互惠多贏，建立併購大平臺，才會大步
成長。

經 營 關 鍵 字 學 習

1 虧錢的公司絕不併購！
2 把錢花在刀口上！
3 投資後的SOP作業！
4 有非常清楚的大戰略！
5 不做惡意併購！
6 KPI與獎勵機制！

問題研討

1 請討論佳世達公司的簡介為何？
2 請討論陳其宏董事長的四大併購心法是什麼？
3 請討論佳世達併購成功有哪3項原因？
4 請討論佳世達投資後如何管理？
5 總結來說，從此個案中，您學到了什麼？

15-4 光寶科技：擺脫成本導向代工思維，打造高價值、高成長事業

1. 公司簡介

光寶科技公司成立於1975年，至今已歷50多年之久，目前是全球前二大電源供應器製造公司；產品廣泛應用在雲端運算、汽車電子、光電半導體、5G、AIoT、資通訊及消費電子等，2022年營收額達1,735億元之多。

2. 由「代工模式」向「提供解決方案」轉型

在2020年，邱森彬總經理即決心從國外客戶代工者，轉型為「提供解決方案」（Solution Provider）。

邱總經理指示，過去傳統的代工模式獲利較為微薄、毛利率低，其生意模式是：客戶告訴我需要什麼，我做給你；但現在新模式是：我告訴客戶在市場的發展下，你需要這個，我提供解決方案給你。如此，我們才能提供更大的價值給客戶，也才有可能提升毛利率。

3. 10年策略規劃的觀點

光寶公司過去每年都會召開策略會議，最初都是以3年為策略規劃期；但後來改用更長的10年為策略規劃期。

過去光寶科的角色是OEM、ODM代工廠，不太需要太長的策略規劃期，因為OEM事業的變化理應不大，只要照國外客戶需求去做就可以了；但現在做為解決方案提供者，所須的新技術、新生意要養成需求，時間就會拉得更長了。如此，在長遠策略下，公司資源要往什麼地方去，也才會清楚明白。

邱總經理認為，對未來事業發展要看清楚2點：

⑴ 產業、市場及技術的大趨勢與大變化，都要看清楚。

⑵ 公司的核心競爭力是什麼，自己也要清楚及強化才行。如此，才能立於不敗之地。

4. 執行轉型後，不一樣的地方

邱總經理表示，接下總經理職務後，他在作法上有2點不一樣：

⑴ 做生意不再以客戶的產品為導向，而是反過來以市場為導向，要做到此點，更必須廣納優秀技術人才才行，人才團隊變得很重要。

⑵ 希望員工不要被過去的作法及常規所綁住；要創新、要改變、要前瞻、要彈性、不僵固。

5. 如何才能晉升

邱總經理認為員工要晉升、擔任更大責任，必須做好4點：

⑴ 要永遠不間斷、不停止的終身學習。

⑵ 要遠離舒適圈，不要30年都做簡單的工作。

⑶ 提高思考層次，亦即要經常用老闆的角度去思考，去看得更高、更遠。

⑷ 要能團隊合作，每個人的核心能力都是固定的，一個人再厲害，也抵不過一個團隊厲害。因此，要有無私無我的心胸，讓整個團隊成功，而不是一個人的成功，我們需要團隊的勝利，而不是一個個人英雄的勝利。

6. 加強跟員工溝通

邱總經理每2個月都會跟新進員工溝通，直接回答他們的問題；另外，每半年也會辦理全員大會。如此，幾年過去了，員工就會慢慢體會公司及長官對他們的重視及關心，進而也會越來越敢提出思考及表達，這就是一種新的企業文化及組織文化，對公司整體助益很大。

經 營 關 鍵 字 學 習

① 提供解決方案模式！
② 布局10年事業戰略規劃！
③ 要不停止的終身學習！
④ 要經常用老闆的角度去思考！
⑤ 要能團結合作！

問題研討

1. 請討論光寶科技公司的簡介為何？
2. 請討論光寶公司為何要從代工模式向Solution Provider轉型？
3. 請討論光寶公司的策略規劃都以多久為期間？為何如此規劃？
4. 請討論邱總經理接任職務、執行轉型後，有哪2點不一樣？
5. 請討論邱總經理如何與員工溝通？
6. 請討論邱總經理認為員工要晉升，一定要做到哪4點？
7. 總結來說，從此個案中，您學到了什麼？

Chapter 16

紡織與針織布製造業

16-1 旭榮：全臺最大針織布廠的經營成功祕訣

旭榮集團是全臺最大針織布廠，年營收超過200億元；海外大型客戶包括：Zara、adidas、UNIQLO等國際大品牌。

1. 組織扁平化，實施利潤中心

旭榮把公司扁平化，變成一個平臺，它依據海外不同客戶，分成40個利潤中心小組，且上萬人公司內，只有3層組織架構：⑴董事長的高階主管；⑵中階主管的40個小組負責人；⑶基層員工。

40個小組組長及各組都可以自己決定訂單交易數量、報價及交貨日期等細節，採利潤中心制度。將各組業績與薪資做結合，績效好的組長，即使職稱只是經理，但其領的獎金可能比績效不好的副總級組長都還多；此方法可激勵各組組長及組員將士用命，全力衝刺，創造一年比一年更好的訂單業績及利潤。換句話說，旭榮公司讓第一線且聽見炮聲的人下決策。公司的董事長、總經理等高階主管不是每天都在發號施令，而是提供一個員工可以發揮潛能的組織平臺及服務而已。亦即，公司一定得結合全體員工的智慧，一起打團隊合作戰。

旭榮組織分成40個小組利潤中心

董事長、總經理

· 40個營業中心利潤小組
· 讓第一線員工成為主角

300個客戶

---

2. 打造一站式垂直供應鏈，滿足客戶所有需求

旭榮的成功因素之一，即是它做好紡織業的垂直整合架構能力；從布料研發、織造、染整、成衣、行銷、業務等，一條龍一站式全包，亦即提供了客戶「Total Solution」（全方位解決方案），客戶可以從我這裡得到全部的需求解決。旭榮一年可以提供海外品牌客戶近4,000種新開發布料，即使布料較貴一些，但客戶仍會向它購買，因為，旭榮布料的研發能力很強大，也是旭榮切入市場的有效競爭優勢。

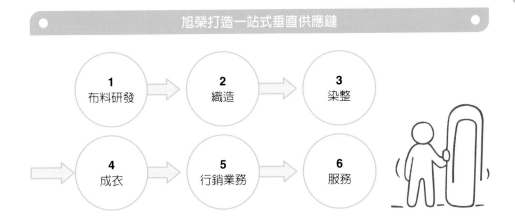

旭榮打造一站式垂直供應鏈

1 布料研發 → 2 織造 → 3 染整 → 4 成衣 → 5 行銷業務 → 6 服務

3. 海外客戶300多家

旭榮公司40個小組的海外品牌客戶高達300家客戶，涵蓋各大、中、小型的下游品牌客戶；每個單一個客戶占公司營收比重不到10％，因此可以降低經營風險，而且維繫連續15年的營收正成長。

旭榮的品牌客戶夠多、夠廣，因此，從這些海外品牌客戶的採購品項及數量，即可推知現在及未來整個全球市場成衣布料的走向及趨勢，準確度很高。

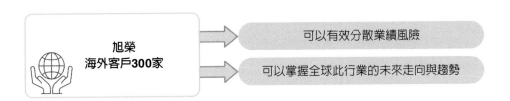

旭榮 海外客戶300家 → 可以有效分散業績風險
→ 可以掌握全球此行業的未來走向與趨勢

4. 每個人工作經驗，都輸入公司資料庫內，共同使用

旭榮公司在公司內部也開辦讀書會，透過個案研討方式，每個小組在營運過程中遇到的工作問題及解決方式，都能講出來，並且把這數千條每個人的「成功與失敗經驗談」，都輸入可共用的公開「知識資料庫」內，大家一鍵搜尋，即可成為平常做海外品牌客戶業務時最好的參考訊息。

5. 公司的決策管理模式

旭榮公司的決策管理模式，與其他公司不太相同，它不強調完美決策，而是強調決策要快速而且要邊做邊改，以因應快速變化的外部世界環境。

亦即，旭榮認為，你要有保持快速修正，往前走的執行力，因為強大的執行力及修正能力，可以補救決策的不完美。旭榮的成長，靠的是組織管理，員工的即時調整及適應能力都很強，能不斷的試錯，並在改進錯誤中，得到不斷正面的組織成長。

旭榮決策管理模式

決策不必完美，但要快速　＋　強大執行力　＋　邊做邊改 要快速修正

6. 管理的定義

旭榮認為管理就是：常識＋人性＋邏輯。它認為，有常識，員工做事情就不會出軌；以人為本，從人性需求為出發點，就知道如何下決策管理；有邏輯就會得到問題有條理的分析及如何解決。管理有時候就像是三令五申，耳提面命。

另外，組織營運及公司管理的系統化也很重要。好的組織可複製、可衡量、可操作，擁有很完整的架構及系統化，在國內管理及全球管理都能有一致性，如此，公司自然能夠成長，組織再大，也可常態順利運作下去。

因此，旭榮公司認為企業要擴大、成長、成功，還是要回到最基本的管理概念，即是一定要管理好組織、流程、人力及系統，把對的事好好做、快快做，就對了。

旭榮管理定義的5內涵

三令五申、
耳提面命

常識＋邏輯

管理

系統化運作

決策要不斷
修正、調整
及前進

人性

旭榮共利、共享的企業文化

企業文化

・共利、共享企業文化
・高階主管扮演支援、支持
　角色，而非主導

旭榮經營致勝五大關鍵

1 垂直整合，一條龍

2 代工品牌客戶，達300多個

3 強大執行力與不斷修正能力

4 組織管理上軌道

5 研發能力強大

您今天學到什麼了？
── 重要觀念提示 ──

1. 企業組織編制，應該力求扁平化，組織主管層級不必太多層，應力求精簡、有效、快速反應，不能太官僚！

2. 現代企業都力行利潤中心制度，把一切大單位切分成幾個較細小的利潤中心單位，讓每個利潤中心都能自主負責，有利潤大家分獎金，有虧損則要換人。利潤中心最大好處是可以引起組織內部的良性競爭與進步成長，形成一個高效能組織體！

3. 企業經營若能打造一個一站式垂直供應鏈，可滿足海外客戶全部採購需求，將可提高全方位的競爭優勢，以及鞏固訂單業績，是很棒的經營模式！

4. 海外客戶必須多元化，以避免單一客戶的風險！

5. 公司經營必須把每位員工的工作經驗與專長都存留下來，並且輸入資料庫內，這是公司的重要無形資產與員工智慧！

6. 決策不須太完美，決策反而要快速，可以邊做邊修正，保持快速修正決策，比完美決策更重要！

7. 現代化運作管理必須系統化、資訊化運作，才會有效率！

經營關鍵字學習

1. 組織扁平化！
2. 利潤中心制度！
3. 一站式垂直供應鏈模式！
4. 讓第一線業務員工成為經營主角！
5. 海外客戶多元化！
6. 掌握全球行業趨勢！
7. 員工智慧與經驗資料庫！
8. 決策管理模式！
9. 強大執行力！
10. 快速決策！
11. 在錯誤中調整改進！
12. 決策要邊做邊修！
13. 系統化運作！
14. 打造共利的企業文化！
15. 管理＝人性＋科學！
16. 員工知識庫！
17. 激勵員工潛能！

問題研討

1. 請討論旭榮公司的組織扁平化及利潤中心為何？
2. 請討論旭榮的一站式供應鏈為何？
3. 請討論旭榮的海外品牌客戶有多少？其好處為何？
4. 請討論旭榮的共用資料庫為何？
5. 請討論旭榮的決策管理模式為何？
6. 請討論旭榮對管理的定義為何？

16-2 儒鴻：臺灣紡織業第一名企業的成功心法

1. 公司簡介

儒鴻企業是臺灣紡織業營收額最大的企業，成立已有40多年，現在員工人數1.8萬多人。儒鴻生產製造基地在臺灣、越南、柬埔寨等3個地區，研發總部則設在臺灣。儒鴻主要是生產彈性針織布料及成衣，並切入機能性服飾市場，能為客戶做到從供應布料到製作成衣等一條龍的垂直整合作業。

儒鴻在2024年營收額達到308億元，其海外主力客戶在UNDER ARMOUR及Lululemon等各大公司。

2. 高度重視技術本位

洪鎮海董事長表示，從成立第一天起，他就決心要做一家以「技術第一」、「技術為本位」的優質紡織公司。他不希望自己公司跟別家公司是做一樣的產品及技術，這樣會走向殺價的紅海競爭，而要跟別人不一樣，首先就是技術要有區別及領先。儒鴻公司透過自身公司的努力研發突破及引進日本先進技術，才真正開發出彈性針織的技術。

洪鎮海董事長表示，紡織業主要有3步驟：⑴布料開發；⑵織布染整；⑶成衣製造。而儒鴻這3流程的完備及能力，其實都是被海外客戶逼著走出來、形塑出來的公司核心能力，一切都是跟著客戶的步伐及需求而前進及進步的。

3. 企業成功的三大根基

洪鎮海董事長根據40多年來的經營成功經驗，他認為企業要長期成功，必須有很扎實的三大根基，包括：人才、資金（錢）及好產品。

這三大根基中，人才是最重要的，有一批長期志同道合、具團隊心的優良人才，自然就能找到足夠的資金，也自然能夠製造出優良的好產品，如此就能形成正向的好循環，即：好人才→找到資金→做出好產品→有好獲利→再找到好人才的循環。

洪鎮海董事長指出，他主張一旦公司賺了錢，一定要給員工好的月薪、要定期調薪、要給更好的年終獎金／績效獎金／分紅獎金，如此才能留住好人才及吸引好人才來公司，人才是公司一切根本。

至於資金，則要注意，不可以盲目擴張及進行超過自己能力的風險投資，一切以「穩」字當前，為最高原則。

4. 沒有一年虧損的祕訣及重點

洪鎮海董事長指出，儒鴻成立近50年來，沒有一年是虧損的，而能年年賺錢，其祕訣有2項：

(1) 公司短／中／長期的策略規劃做對了

公司會訂定5年策略規劃書，裡面詳細記載著未來5年應該達成的目標、任務、使命、策略、計劃、績效數字、營收、獲利、資本支出、業務開拓、技術創新等。不只訂定這些具體事項，而且還要因應外在大環境的變化而快速應變及調整改變，才能符合實際狀況。

(2) 全員有共同理念

儒鴻的成功，不是董事長一個人做出來的，而是一群人有熱情、有能力、有品德、有團結心、有參與感而做出來的，並且加乘每個人的創新能力，不斷與時俱進，才能有今天的產業領導地位。

5. 搜集資訊及快速回應客戶需求

洪鎮海董事長指出，做這一行，了解市場趨勢及走向很重要，而搜集市場趨勢的資訊情報，主要有幾個：

(1) 新原料的搜集。
(2) 新產品開發的搜集。
(3) 新製造設備的搜集。
(4) 市場流行資訊的搜集。
(5) 消費者喜好資訊的搜集。

有了這五大資訊情報後，公司相關部門會一起深入討論，才能訂出未來新布料及新成衣的研發方向。而有了這些資訊、情報，也才能知道如何正確且快速回應客戶需求，所以超前知道客戶需求是很重要的。

6. 多幫客戶一些忙

洪鎮海董事長認為，做客戶生意，有2個重點：⑴是要站在客戶的立場去思考及提供滿足；⑵是要多幫客戶一些忙。例如：多開發一些布料給客戶參考使用；多搜集一些市場資訊供客戶參考了解；多協助客戶做一些正確的流行趨勢預測等，客戶必會感激你的一切作為。

儒鴻公司每年投入1億元的研發費用開發新的布料，現在每年會開發3,000多種新布料。提供多一點選項，多幫客戶一些忙，最終自己會得到好處。

7. 開發客戶的方式及分散客戶

儒鴻公司開發海外客戶主要有2種方式：

⑴ 參加海外紡織大展，此時各國主力客戶都會去看展、看新布料，客戶會自己到儒鴻的攤位上。儒鴻都是用技術上及產品上的創新去吸引海外客戶的。

⑵ 部分服務過的客戶人事異動時，有些主管去了另一家公司，引薦儒鴻的產品。

洪鎮海董事長指出，儒鴻公司不希望客戶一家獨大，如此客戶一旦走了，經營風險就很大，因此要分散客戶。現在其公司每個大客戶的營收價占比都在10%以下。

8. 如何維繫客戶關係

洪鎮海董事長表示，長期維繫客戶的最重要原則就是：客戶要能信任你、要能放心你。而這種信任與放心，必須要做到：

⑴ 品質長期穩定，是100分的優良高品質。

⑵ 產品是經常有創新的，是別家做不到的，或不易做到的。

⑶ 很完整的服務，包括：技術服務、資訊情報服務及相關服務。

總之，洪董事長指出，工廠與海外大客戶關係維繫的終極祕訣是：雙方都能互惠，以及雙方都能順利地賺到錢，能平安的長期活下去，創造出營運好績效。

經 營 關 鍵 字 學 習

1 高度重視技術本位！
2 好人才！
3 做出好產品！
4 訂定公司短／中／長期策略規劃！
5 全員要有共同理念！
6 快速回應客戶需求！
7 多幫客戶一些忙！
8 多參加海外展覽！
9 做到100%的優良高品質！
10 產品要經常創新！

問題研討

1 請討論儒鴻公司的簡介為何？
2 請討論儒鴻如何重視技術？
3 請討論儒鴻的三大根基是什麼？
4 請討論儒鴻成立40多年，沒有一年虧損的祕訣是什麼？
5 請討論儒鴻如何掌握市場需求趨勢？
6 請討論儒鴻「多幫客戶一些忙」的意涵為何？
7 請討論儒鴻開發客戶的方式為何？
8 請討論儒鴻如何維繫客戶的關係？
9 總結來說，從此個案中，您學到了什麼？

Chapter 17

水類運動衣製造業

17-1 薛長興：全球最大水類運動衣供應商

1. 公司簡介及經營績效

　　位於臺灣宜蘭的薛長興工業，以創新技術自主研發防寒衣原料，成功開創原物料及下游產品製程的整合，而躍升為全球防寒衣及水類運動衣的最大供應商。2024年營收額達108億元，獲利額12.5億元，獲利率在12%以上。該公司在臺灣、中國大陸、泰國、越南及柬埔寨五大國家設立生產基地。（註1）

1 年營收 108億元	2 年獲利 12.5億元	3 獲利率 12%	4 全球五大國家 設生產基地

2. 努力研發、自主掌握關鍵原料

　　50年前，薛長興原本做雨衣、雨鞋，由於市場很小，後來改做潛水衣，但關鍵橡膠原料在日本人手上。當下單給日本人時，對方經常延遲，價格也一直上漲，算是被控制了。

　　後來，薛長興公司決定自己開發材料、自己做，不再受制於日本人。於是研發團隊經過2年～3年研發試做的努力，終於慢慢把此關鍵原料技術研究出來，成功研發出水類運動衣的關鍵材料，稱為「橡膠發泡布片」。後來，還不斷努力改善及升級，價格比日本低了3成～4成，很有價格競爭力，國外品牌客戶也開始接受下單。

　　該公司董事長薛敏誠認為：「凡事要正面思考，做事一開始不要想失敗，要想到越難才越有競爭力、對手才不好模仿，只要做成功了，對手就很難複製。堅信凡事只要不斷努力，即會有所突破。」

薛長興原料、技術、研發都抓在手上的好處

原料自主　＋　研發自主　＋　技術自主

六大好處

①有效降低成本　④提高報價競爭力
②提高利潤　　　⑤提高市占率
③確保高品質　　⑥保持成長動能

3. 研發費用無上限

　　掌握技術後，薛董事長知道研發很重要，不怕花錢在研發上，因此，宣布研發經費無上限，目前公司的研發人員超過100人之多，完全是一個以研發為導向的公司。

研發人員
超過100人　＋　研發費用
無上限　＋　以研發為
導向的公司

4. 業績成長三大因素

　　近15年來，薛長興公司年年都能夠使業績高速成長，這主要歸功於三大因素：

　　⑴ 掌握關鍵原料。

　　⑵ 成本大幅降低。

　　⑶ 報價競爭力大增。

業績成長三大因素

掌握關鍵原料 ＋ 成本大幅降低 ＋ 報價競爭力大增

5. 一條龍生產優勢

薛長興公司的核心優勢，就在於它能做到一條龍式生產。亦即：從上游的橡膠發泡成型，到中游把橡膠原料貼上材料變成布片，最後到下游把布片縫合，做成潛水衣、防寒衣，全部都自己做；到現在，全世界有能力一條龍全部自己做的，只有薛長興一家公司而已。

該公司也體認到只要能掌握材料與技術，就可以不斷研發出新產品。因此，薛董事長表示：「只要可以自己掌握的就自己掌握，能夠自己做的就不要找外面代工；應該要自己摸索、自己去做，才能跟競爭對手不一樣；一定要設法使自己有獨門技術、獨門Know-how或設備。」

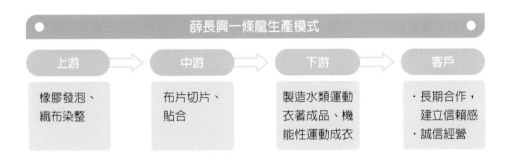

薛長興一條龍生產模式

上游	中游	下游	客戶
橡膠發泡、織布染整	布片切片、貼合	製造水類運動衣著成品、機能性運動成衣	・長期合作，建立信賴感 ・誠信經營

6. 全球中高階市占率達65％以上

目前全世界十大潛水衣品牌，都是該公司客戶；如果只算中高階市場，全球市占率高達65％以上；而低階、低利潤的，薛長興公司不做，主要是中國在做。

現在，每年都有300人次以上的客戶拜訪該公司總部，而公司總部也一直有

很多新產品介紹給客戶。使國外客戶也能在當地市場不斷開創新業績，如此，雙方都蒙受好處。

7. 做生意講誠信，不追求暴利

薛長興公司做生意，堅持建立在「誠信原則」上，而且非常尊重客戶，盡量做到對方的要求，但絕不貪圖暴利，只要有足夠利潤照顧員工就好了。該公司目前沒有跟銀行貸款，90％都是自有資金。

8. 海外工廠授權臺幹管理

除了最重要、最新的原料或技術根留臺灣製造之外，其他的一般生產均交由設立在中國及東南亞等4個國家的工廠生產。

薛長興已在全球4個國家，建立起8個生產基地，僱用超過15,000名員工。該公司為確保海外工廠的品質及效率，因此，一律派遣臺籍幹部到海外工廠監製。目前每個海外工廠平均會有15名～20名臺幹，都是從臺灣總公司找最資深、最有經驗的員工過去，總公司才會放心。

另外，該公司也要求臺幹一定要落實在地化，主要是當地語言，臺幹必須在限期內學會，並有獎金鼓勵。在營運管理方面，大都靠電話會議及視訊會議溝通，很方便、很快速，溝通及管理均無問題。

9. 不會做自有品牌

薛董事長表示，公司創立50多年來，也曾經想過自創品牌，花了不少錢，但都沒成功；他終於發現做行銷、做品牌，都不是公司的強項，也沒有優勢條件去做。薛董事長認為，其實好好掌握技術與材料，也一樣能掌握客戶。公司現在就是全球知名的「材料品牌」。

您今天學到什麼了？
── 重要觀念提示 ──

1 企業經營的海外基地，必須分散在不同國家比較安全！

2 企業經營必須努力研發，自主掌握關鍵原料，大降成本，並避免看別人臉色，受制於國外供應商！

3 凡事要正面思考，做事一開始不要想失敗，要想到越難才越有競爭力，別人也不易模仿複製！

4 企業經營勿忘凡事只要不斷努力，即會有所突破！

5 企業經營要領先競爭對手，唯有在研發上著手加重努力，投入無上限研發費用，才能成為以研發為導向的公司！

6 外銷公司必須努力提高出具報價競爭力！

7 企業經營必須打造一條龍生產優勢，這才是它的核心能力！

8 企業經營必須設法使自己具有獨門技術、獨門Know-how或設備！

9 企業做生意應講究誠信原則且不追求暴利，才能長久經營！

（註1）此段資料來源，取材自薛長興工業公司官網（www.sheico.com.tw）。

經營關鍵字學習

1. 分散全球生產基地！
2. 自主掌握關鍵原料！
3. 研發費用無上限！
4. 研發人員超過100人！
5. 大降成本！
6. 提升報價競爭力！
7. 凡事要正面思考！
8. 越困難做，才越有競爭力！
9. 研發導向公司！
10. 一條龍生產優勢！
11. 核心能力！
12. 能夠自己做的，就不找外面代工！
13. 獨門技術、獨門Know-how！
14. 全球市占率！
15. 做生意講誠信！
16. 自有資金比例！
17. 派遣臺籍幹部赴海外！
18. 海外視訊、電話會議管理！
19. 自創材料品牌！

問題研討

1. 請討論薛長興的公司簡介及經營績效為何？
2. 請討論薛長興如何研發、自主掌握關鍵原料？掌握原料的好處有哪些？
3. 請討論薛長興的研發費用多少？研發人員多少？
4. 請討論薛長興公司業績成長三大因素為何？
5. 請討論薛長興公司一條龍生產的內容為何？
6. 請討論薛長興公司的全球市占率多少？是否追求暴利？做生意的原則為何？
7. 請討論薛長興如何管理海外工廠？
8. 請討論薛長興為何不自己做自有品牌？
9. 總結來說，從此個案中，您學到了什麼？

Chapter 18

鞋膠製造業

18-1 南寶：全球最大鞋用膠水成功祕訣

1. 公司概況與營運績效

　　南寶樹脂創立於1963年，迄今已有60多年歷史；它位於臺南市西港區，是臺灣第一大接著劑品牌，以及全世界最大運動鞋用膠水品牌。

　　它的主力產品，包括：鞋膠、接著劑、熱熔膠、塗料等。該公司營運據點，除了臺灣之外，在中國的昆山及東莞、印尼、泰國、菲律賓，也都有產銷據點。

　　該公司2024年營收額高達172億元，獲利9.5億元，獲利率為5%。

　　該公司所生產的膠水，有40%是運動鞋訂單，市占率全球第一。該公司膠水行銷全球63個國家之多。

2. 成功因素之1：持續創新

　　南寶所生產的鞋膠最有名，它的鞋膠供應給全球最大及次大的Nike與adidas代工廠，市占率超過50%，擊敗德國同業大廠漢高，居全球第一大鞋膠大廠。

　　不斷的研發及創新，已成為南寶最重要的經營DNA；它每年的研發支出，已占年營收比重高達3%，是同業的4倍之多。南寶的研發部門已超過100人之多，且不惜重金與高薪，禮聘高級研發人才，並給予高額研發成果獎金，以激勵人心。

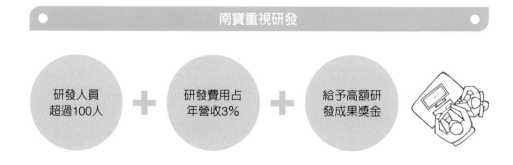

南寶重視研發

研發人員超過100人 ＋ 研發費用占年營收3% ＋ 給予高額研發成果獎金

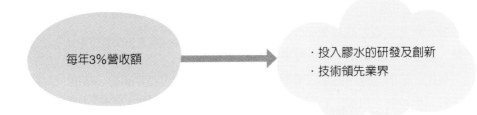

3. 成功因素之2：專人駐廠服務

南寶成功因素之2，即是精英人員派駐在客戶的工廠裡，在第一時間替客戶解決鞋膠問題，亦即提供「Total Solution」（全服務應答）。

南寶如此的貼身服務，即時快速替客戶解決問題，讓南寶與客戶黏成了命運共同體。此舉不但跟客戶培養出革命情感，甚至比客戶還要了解他們的產品。同時，可以即時掌握終端產品與市場脈動，可以說一舉多得。如今，鞋膠與鞋材已占南寶年營收43%，每年也穩定成長。

4. 薪資、獎金高於同業，吸引優秀人才

南寶以高薪吸引人才到臺南偏僻地區工廠做事，以沒有經驗的研發新鮮人來說，起薪為3.9萬元～4.7萬元，平均年薪為15個月，高於業界20%～30%。如果能研發出新產品或對既有產品改良，還可以拿到激勵研發獎金，因此，優秀研發新鮮人想要年薪破百萬，亦非難事。

有如此好的全球市占率、臺灣第一名膠水市場地位及薪資獎金鼓勵，南寶員工一般流動很低，課長以上主管的流動率幾乎是零。

5. 經營理念與行為準則

根據南寶公司的官網顯示，該公司的經營理念主要有下列5點：（註2）

⑴ 永遠保持學習心態。

⑵ 持續改善工作方法。

⑶ 致力於創新。

⑷ 追求卓越。

⑸ 勇於提出改善建議。

而該公司對員工的行事準則，主要有4項：（註3）

⑴ Innovation：創新是日常工作。

⑵ Passion：樂於工作熱情。

⑶ Accountability：當責決心，使命必成。

⑷ Delegate：授權員工並鼓勵員工勇於做事，不要怕做錯。

（註1）、（註2）、（註3）之資料來源，均取自南寶樹脂公司官網資料（www.nanpao.com.tw）。

您今天學到什麼了？
── 重要觀念提示 ──

1 企業必須不斷的研發及創新，並成為企業經營最重要的DNA！
2 企業經營必須確保研發費用占年營收比例超過同業，如此才會在研發領域領先同業！
3 南寶公司讓出經驗豐富人員派駐在客戶工廠裡，協助解決困難，是它成功經營獨家特色，也是做好售後服務的極致！
4 企業為求營收成長，必須開闢新戰線，可朝新應用材料研發及海外新市場開拓做起！
5 企業經營必須以高薪資、高獎金才能吸引到優秀人才！台積電、鴻海、南寶公司都是如此！
6 不管是製造業或服務業，都要持續推動改善工作方法！
7 企業管理經營必須塑造每位員工當責決心，以及使命必成！

經營關鍵字學習

1 創新是日常工作！
2 薪資、獎金高於同業！
3 吸引、留住優秀人才！
4 另闢新戰線！
5 尋求未來成長曲線！
6 開發新市場！
7 持續研發、創新！
8 專人駐廠服務！
9 Total Solution（全方位解決問題之方案）！
10 即時掌握終端產品與市場脈動！
11 發放高額研發獎金！
12 全球市占率！
13 重金禮聘高級研發人才！

問題研討

① 請討論南寶成功二大因素為何？
② 請討論南寶未來成長的二大方向為何？
③ 請討論南寶如何吸引優秀人才？
④ 請討論南寶的經營理念及對員工的守則為何？
⑤ 總結來說，從此個案中，您學到了什麼？

Chapter 19

食品與保健品製造業

19-1 大江生醫：臺灣最大保健食品及美容保養品代工廠

1. 公司概況與ODM霸主地位

大江生醫成立於1980年，初為貿易公司，後改為保健食品及美容保養品ODM（原廠設計委託代工）公司，今為上櫃公司，股價達300元之高。大江生醫產品外銷到全球60多個國家，外銷占比為80%，內銷占比20%。主要代工產品包括：膠原蛋白飲、葡萄糖胺飲、面膜、精華液、保養品等。國外一線品牌大客戶，包括：迪奧、雅詩蘭黛、蘭蔻等知名品牌。目前在臺灣屏東、中國上海及美國計有6個現代化一流工廠。

大江生醫為臺灣最大保健食品及美容保養品代工廠

臺灣最大保健食品及美容保養品ODM代工廠
→
· 2024年營收額達90億元
· 為國內外一線知名品牌代工
· 建立自主200多人研發團隊

---

2. 營收額年年成長

大江在2003年時，營收額僅1億元，當時還是小公司，到2005年時改名為大江生醫，開始做保健食品的ODM廠商。當時，該公司曾在自創品牌或做ODM代工廠兩者之間掙扎很久，後來，經過優勢劣勢分析，終於決定還是走ODM委託設計代工廠的路線，此後業績就逐年上升。在2011年時年業績9億元，2015年20億元，2016年為31億元，2017年為40億元，2018年為80億元，2024年為90億元，年獲利約7億元，獲利率為8%，每年EPS均超過6元。

3. 一條龍服務，獲客戶肯定

大江生醫將代工升級為Q-ODM，即以品質（Quality）、速度（Quickness）、合理報價（Quotation）三者特色及優勢，以滿足國內外大型客戶。並且不斷升級研發技術，開發出很好的生技原料及產品，獲得國外很多發明獎。

大江生醫後來擔心代工容易被取代，於是開始思考如何差異化，做出別人做不出來的東西，後來決定投入研發，成為無可取代的公司。從保健產品端轉為原料開發者，升級為國際級企業。

大江除大力投資研發能力外，也大力提升工廠品質，號稱為S級工廠，即強調要做到4S的工廠，意即安全（Safety）、標準（Standard）、速度（Speed）、優越（Superior）等4項特色工廠，務使做出來的原料及產品，都能使客戶及消費者安心飲用、使用，帶來最大的信任與保證。

大江生醫堅定認為，不要使代工角色變為比價工具，永遠在比更低價的代工成本；而要使代工價格成為價值的形象，在尋找價值過程中，為國內大客戶創造出更多的附加價值；包括原料價值、設計價值、代工製造價值、品質價值。

大江為客戶提高4個附加價值			
01	02	03	04
原料價值	設計價值	製造價值	品管價值

4. 成立自己強大研發中心

2012年，大江生醫在中興大學成立「明日實驗室」，開始創新原料研發，獲得國外很多發明獎。

經過8年的大力投資研發，以及研發人才的聚集，如今，大江已有十二大實驗室，累計拿回196項全球國際發明獎。大江每年投入研發經費高達4億元，研發人員已達200多位，占員工總數1/5，開發新素材只要半年到1年。

大江生醫由於大力投資研發，因此也大舉提升了代工產品的附加價值及價

格。例如：別人面膜的零售價1片是10元～20元，但大江代工的面膜，每片則是100多元，因此，可說大江就是該業界的賓士高級車，這是出了名的；貴是因為值得。

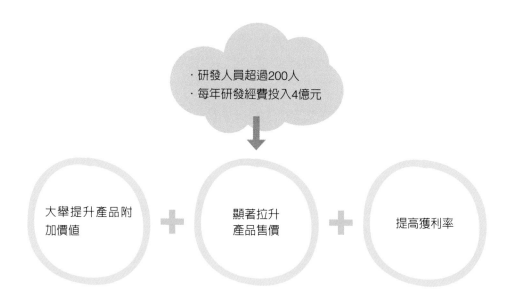

5. 團結的企業文化

大江員工生產值很高，平均每人產值達1,000萬元，而且大江薪資比同業高出20%～40%，核心幹部50多人，過去3年都沒有離職。大江有個很好的團結式的企業文化，鞏固了它的企業競爭力。

大江生醫已打下2030年將朝向2,000億元年營收挑戰目標，值得拭目以待。

6. 關鍵成功因素

總結來說，大江生醫在短短10多年間能夠崛起，主要成功因素，計有下列5點：

⑴ 定位明確

大江定位在保健食品美妝保養品的ODM代工大廠，不做辛苦的自創品牌之路，可算是定位精準、正確，才會有後來的成功。

(2) **大力投資研發，提高附加價值**

　　大江10多年前決定大力投資研發，召募高級研發人才，成為現在200多人的優秀研發人才團隊，不斷研發出具高附加價值的原料及產品，而能領先競爭對手。

(3) **嚴格品管，保障品質**

　　大江非常重視生產製造流程的品質控管問題，引進一流的製造設備及嚴謹製造流程，才能保障最終產品的品質水準。

(4) **代工國際一線品牌，已做出好口碑**

　　大江目前代工國內外諸多一線知名大品牌的生產及研發，多年來已累積出很好的外界口碑及信譽、信任感，這是最根本的利基點，企業的根本就是信任。

(5) **員工高度向心力**

　　大江公司給予員工比同業更高的薪水與福利獎金，這些都促使員工有高度向心力，而中高階幹部離職的也很少，形成穩定的組織體及良好企業文化。

大江生醫成功5點因素

| 定位明確 | 大力投資研發，提高附加價值 | 嚴格品管，保障品質 | 代工國際一線品牌，已做出口碑 | 員工高度向心力、幹部高度團結 |

您今天學到什麼了？
── 重要觀念提示 ──

① 企業從代工模式發展有3種模式，如下：

OEM ⟶ **ODM** ⟶ **OBM**

（代工） （設計） （自有品牌）

（賺製造利潤） （賺設計利潤） （賺品牌利潤）

② 大江生醫的一條龍代工設計服務，包括：研發＋設計＋製造＋品管，為客戶提供最完整的價值鏈服務！

③ 製造業要滿足海外訂單客戶，最重要的3點：(1)品質穩定；(2)速度加快（交期快）；(3)報價合理（價格優勢）！

④ 大江投入研發，發展出無可取代的原料，成為它的優勢條件！

⑤ 任何企業經營，都是為國內外的訂單客戶創造出更多面向的附加價值，才能贏得客戶的肯定及信賴，訂單才會長久！

⑥ 企業唯有大力投資研發，才能產生更高的附加價值！

經 營 關 鍵 字 學 習

① 大力投資研發！
② 提高附加價值！
③ 原料價值、設計價值、製造價值、品管價值！
④ 成立自己強大研發中心！
⑤ 大力提升工廠等級！
⑥ 要追求價值形象！
⑦ 一條龍研發與製造服務！
⑧ 品質＋交期＋價格！
⑨ 開發出很強大的生技原料！
⑩ 代工易被取代，要思考如何差異化！
⑪ ODM代工廠（設計＋代工）！
⑫ 國外一線品牌大客戶！

問題研討

1. 請討論大江生醫公司概況為何？目前年營收多少？獲利如何？
2. 請討論大江生醫為何要成立自己強大的研發中心？
3. 請討論大江生醫成功的5點因素為何？
4. 總結來說，從此個案中，您學到了什麼？

19-2 聯華食品：萬歲牌腰果及可樂果市占率第一的祕訣

1. 公司簡介

聯華食品成立於1951年，已有70多年歷史，主力產品是休閒食品、超商鮮食代工製造，年營收109億元，年獲利9.7億元，獲利率10%；10年前股價僅31元，現在漲到98元，成長3倍。

2. 聚焦與精兵策略

聯華休閒事業部副總江志強表示：「公司的產品策略是採取精兵與聚焦策略，專心做好、做Niche（利基）的市場。」聯華的經典產品，計有4款品牌而已，即：萬歲牌堅果、可樂果、卡迪那、元本山海苔；其中，萬歲牌的腰果年營收15億元，市占率高達70%。

3. 分眾經營：以不同產品滿足不同通路客群

江志強副總指出，他們能識別不同客群需求，主動提案，在各類型通路都能端出具分眾特色的產品。

例如：針對電視購物、超市的中高齡客群，他們就推出機能性堅果；在年輕客群的超商，他們就開賣椒鹽味的起司堅果零嘴；在官網電商，他們就賣包裝精美的伯爵奶茶堅果。這5年來，萬歲牌腰果的業績都成長10%。

江志強副總指出，企業能成功洞悉需求，只要產品有持續被需要，就有機會從中成長。只要成功做好分眾行銷，企業永遠有新商機。

4. 如何搜集顧客需求與消費趨勢

江志強指示：「如何有效搜集顧客需求及市場消費趨勢是很重要的事。」聯華食品公司透過下列5種管道搜集：

⑴ 市調報告。

⑵ 內部研發。

⑶ 客服電話（抱怨、建議、疑問，了解其痛點）。

⑷ 通路零售商回來的意見。

⑸ 開發新產品後，在官網電商銷售，先測試買氣如何。

5. 定期舉辦「客服教育訓練」

聯華食品公司是一家很重視客服人員的單位，這些客服人員每次接電話，都要認真聆聽、記錄，並且每個月舉辦一次月會，整理出顧客的需求、抱怨、建議，這是理解、掌握、洞悉消費者很好的機會。聯華公司各部門都要派員出席參加月會，包括：研發、品保、業務、行銷等全部都要參加聆聽及討論，以訂出下次的決策。

6. 不斷優化改良、成長、升級

江志強副總表示，其實食品業很難以技術門檻為優勢，大部分都是用心優化改良產品力，比的是能不能找出顧客的痛點，改善競品做不到的事，並不斷升級自身能力，才能在時代變遷中，依舊保有優勢，持續挖掘下一個成長動能。

7. 投放廣告

江志強副總表示，聯華食品全系列產品投放廣告（電視＋數位）的金額每年都在1億元以上。尤其，萬歲牌腰果找Janet作代言人很成功，打造出萬歲牌腰果第一品牌的領導地位。

8. 善用社群行銷，建立長期關係

可樂果不斷長紅，因其行銷策略能夠與時俱進。以往，可樂果以傳統廣告為主；現在，聯華把電商部人才調到休閒食品行銷部，並擴編內容社群行銷人才，目前有7位員工負責內容行銷，並在辦公室自建攝影棚，拍短影音宣傳。當今與消費者溝通必須不間斷，全年無休，持續創造內容才能與顧客建立長期關係。

9. 聯華的成功祕訣

江志強副總總結聯華食品行銷成功的祕訣，如下：
⑴ 做好分眾經營及聚焦精兵經營。
⑵ 適當投放廣告量，保持品牌知名度、印象度及年輕化。
⑶ 抓住顧客的生活需求及痛點，快速滿足他們。
⑷ 重視客服接收到的顧客反應，並予以回應。
⑸ 產品必須永遠推陳出新、永遠保持年輕化。

江志強副總表示：「就像保養品，不管賣給25歲、35歲或45歲的人，都要告訴對方：『會像回到18歲一樣』。」

經 營 關 鍵 字 學 習

① 聚焦與精兵策略！
② 分眾經營！
③ 搜集顧客需求！
④ 要不斷優化、改良、成長、升級！
⑤ 善用社群行銷！
⑥ 產品要永遠推陳出新，並保持年輕化！
⑦ 適當投放廣告量！

問題研討

① 請討論聯華食品公司的簡介為何？
② 請討論聯華的聚焦與精兵策略為何？
③ 請討論聯華如何分眾經營？
④ 請討論聯華如何搜集顧客需求與消費趨勢？
⑤ 請討論聯華每月舉辦「客服教育訓練」的狀況及原因為何？
⑥ 請討論聯華產品不斷優化改良、成長的狀況及原因為何？
⑦ 請討論聯華食品投放廣告狀況為何？
⑧ 請討論聯華如何善用社群行銷，建立顧客長期關係？
⑨ 請討論聯華食品總結出的成功祕訣為何？
⑩ 總結來說，從此個案中，您學到了什麼？

19-3 福壽實業：百年企業的永續之道，對成長始終保持危機感

1. 公司簡介

福壽實業創立於1920年，1990年上市，是臺灣油脂生產供應商前三強，總部位於臺中市沙鹿區。公司以經營油脂起家，目前事業範圍涵蓋食用油脂、穀物食品、寵物食品、飼料、肥料、畜水產品、生技產品，年營收163億元。

2. 從B2B轉到B2C的策略思考

洪堯昆董事長表示：「如果只是固守本業賺小錢，終有一天會面臨淘汰的風險。」就好像一杯米賣5元，煮成白飯一碗可賣15元，再做成蛋炒飯可賣100元，附加價值越來越高。所以，福壽實業不能只賣原料，要做加值後的產品，更提高產品的附加價值，例如：寵物食品、早餐穀麥片等。

3. 追求公司成長，才是經營重點

洪董事長表示：「企業不能停止成長，否則不進則退，就是退步。」必須追求公司在各方面的成長，包括：事業版圖、營收、獲利、產品組合、新產品、新人才等都要成長，有成長公司才會有競爭力，也才能永續經營下去。

4. 如何選定新事業、新品項

洪董事長指出，公司的事業成長必須從核心事業向外拓展，例如：寵物食品就是從飼料事業出發，成功機率就較大。如果進入自己不懂的全新事業，很容易失敗，而且需要花很多時間去學習。

總之，開發新的產品要多看、多聽、多問，以及經常出國看展及逛超市，了解國外先進國家的消費市場、產品、包裝等最新發展狀況，如此，才會有真正的新發現。

5. 挑選適任專業經理人之條件

人才可遇不可求，要不斷去尋找，適任專業經理人要考慮3要件：

(1) 學習心：要每天學習，無處不學習，及終身學習。

(2) 企圖心：要有向上成長、向目標往前、達成的企圖心。

⑶ 心得報告：員工出去參展或參加研討會，回來要寫500字報告，看他寫得好不好、認不認真、用不用心、有學到什麼。

6. 急迫感、危機感

洪董事長指出：「所有企業不管是否百年，最重要的是對成長的危機感，以及跟現今社會有沒有脫節。」為何如此強調急迫感？因外界節奏變化真的很快，一定要改變；以前福壽實業做B2B事業，步調可以慢一些，但現在做B2C，步調要更快，還有很大的進步空間。

7 董事長領導風格

福壽實業是家族企業，家族成員千萬不能有私心，而且董事會有3位獨立董事，大事均由董事會決定。

在管理上，授權很重要，要與員工互信，相信他們會做得很好；但也要懂得追蹤進度，確保同仁事情做到位。同仁有小錯，盡量用教導、糾正，不要罵。員工不要怕犯錯，企業要成長，一定要闖出去，踏出第一步就怕，企業要如何成長呢？

經 營 關 鍵 字 學 習

❶ 追求公司成長才是重點！
❷ 新事業、新品項選定技巧！
❸ 要有學習心及企圖心！
❹ 企業要成長一定要闖出去！
❺ 經營事業要有策略思考！

問題研討

1. 請討論福壽公司的簡介為何？
2. 請討論福壽從B2B轉到B2C的策略思考為何？
3. 請討論「追求公司成長，才是經營重點」這句話的內涵為何？
4. 請討論福壽如何選定新事業、新品項？
5. 請討論洪董事長挑選適任專業經理人之條件是什麼？
6. 請討論洪董事長所謂「急迫感」的內涵為何？
7. 請討論洪董事長的領導風格為何？
8. 總結來說，從此個案中，您學到了什麼？

19-4 元進莊：全臺熟食土雞供應大王的成功心法

1. 公司簡介

臺灣第一大土雞及土番鴨的養殖、屠宰、加工、銷售公司，即是位處在雲林元長鄉的元進莊公司。該公司年營收突破20億元，年獲利2億元，員工人數500多人。

元進莊公司主要業績來源有2個：

(1) 為別人代工製造滴雞精，例如：娘家及TVBS的享食尚等。

(2) 自己研發雞、鴨、鵝等加工食品及冷凍食品，其下游通路客戶有好市多、全聯、家樂福、7-11、全家、大潤發等大型零售通路。

元進莊公司目前也是全臺熟食土雞供應商，市占率高達8成之多。

2. 研發能力強，品項上百種

元進莊公司的研發能力強大，其三大特色如下：

(1) 能夠快速掌握市場消費趨勢及口味。

(2) 能夠迅速回應市場的需求。

(3) 每月主動研發幾十款試吃品，等待通路商選貨。

上述研發特色，也受到通路商的肯定及讚美。

3. 創造需求，是致勝方程式

吳政憲董事長表示，元進莊公司每年業績都是以雙位數成長，市場沒有天花板，而是不斷創造需求、發現需求、滿足需求，這也是元進莊公司的致勝方程式。

元進莊公司現有3萬坪空間蓋滿各式各樣的廠房，且自養500萬隻土雞。元進莊年營收20億元，除了國內市場，也外銷到香港、新加坡、澳洲、馬來西亞、杜拜等海外市場。

吳政憲董事長表示，做生意、做事業一定要做到該行業的第一名，讓競爭對手追趕不上，並且要盡可能滿足零售通路客戶及消費者的需求。

4. 籌劃上市，打造百年事業

元進莊公司正在準備公司上市事宜，其目的有以下幾點：

⑴ 引進專業經理人，吸引中部地區更多就業機會。

⑵ 公開透明經營，以求永續經營。

⑶ 扭轉大家對雞農產業艱苦、低薪的負面形象。

⑷ 提高公司員工的薪資水平及紅利獎金，讓全員有更好的福利待遇。

經營關鍵字學習

① 研發能力強！
② 創造需求是勝利方程式！
③ 上市IPO，打造百年事業！
④ 公開透明經營，以求永續經營！
⑤ 給員工更好的薪資及獎金！

問題研討

① 請討論元進莊公司的簡介為何？
② 請討論元進莊公司的研發狀況如何？
③ 請討論吳政憲董事長所說：「創造需求，是唯一致勝方程式」之意涵為何？
④ 請討論元進莊為何籌劃上市？
⑤ 總結來說，從此個案中，您學到了什麼？

19-5 大武山：首家上市蛋工廠的成功祕訣

1. 公司簡介

成立於2007年，公司資本額6億元，主要業務是自養、自產到自銷的一條龍鮮蛋生產；目前全臺市占率達3%，名列第三，僅次於大成公司的10%及卜蜂公司的50%。年營收額達11億元，於2023年正式通過申請，股票上市成功，也是第一家鮮蛋工廠的上市公司。

目前，在屏東大武山牧場的廠房，可以日產48萬顆雞蛋，若再加上雲林及臺南兩處牧場，該公司每天能供應80萬顆雞蛋，居全國第三位。

2. 努力上市的3招

大武山公司能夠順利讓股票上市，主要靠3招：

(1) 持續擴大經濟規模

大武山公司從最初只投資4棟雞舍，到現在擴增到19棟，總產能不斷成長、增加，達到經濟規模效益。

(2) AI養雞

大武山公司擁有AI即時監測系統，能透過雞隻健康狀況、產蛋率及蛋殼品質等提前察覺異狀，有效防堵禽流感等病症擴散出去，以穩定供貨。

(3) 客戶穩定性

大武山公司營運長魏毓恆表示，公司10多年來都沒有呆帳，一直在慎選客戶，努力選到好客戶，例如：麥當勞、全聯、全家、三井、統一超商、早安美芝城、丸龜製麵等中大型B2B的重要穩定客戶；而且大武山的業績，也能跟隨這些B2B大客戶的成長而成長。

3. 上市後資金用途

魏營運長表示，該公司上市後的新資金主要用在兩方面：(1)併購；(2)投資。因為蓋、養雞場所費時間很長，要3年～5年，所以他傾向用合資方式或併購策略，以求能更快速擴大蛋的生產量；至於投資方面，繼續擴大彰化廠的規模，以求每日洗選200萬顆雞蛋，期待擴大提升市占率達到10%。

4. 往海外市場擴張

魏營運長表示，等幾年後，大武山公司的鮮蛋占有率提升到10%之後，他們就要往海外的日本及東南亞設廠合作，以擴大營收的成長，因為臺灣10%的市占率已是極高比例了。

經 營 關 鍵 字 學 習

1. 持續擴大經濟規模！
2. 客戶穩定性！
3. 往海外市場擴張！
4. 慎選客戶，以選到好客戶！
5. 擴大市占率！

問題研討

1. 請討論大武山公司的簡介為何？
2. 請討論大武山公司努力上市的3招為何？
3. 請討論大武山公司上市後對資金用途為何？
4. 請討論大武山公司往海外市場發展的計畫為何？
5. 總結來說，從此個案中，您學到了什麼？

廚具製造業

1. 成立與經營績效

　　櫻花廚具成立於1978年，迄今已40多年，1992年成為上市公司；臺灣員工有1,000人，在臺中有3個工廠，在中國大陸員工有3,200人，有2個工廠。

　　櫻花公司2024年合併營收達65億元，獲利9.5億元，年成長15.4%；相較2012年時，櫻花營收才40億元，獲利3.3億元，13年來櫻花的經營績效，可說有顯著成長。

　　櫻花（SAKURA）、莊頭北2品牌的熱水器、瓦斯爐、抽油煙機等產品市占率合計高達44%，其中，櫻花市占率37%，莊頭北市占率7%；櫻花市占率居全國之冠；臺灣總戶數為860萬戶，共超過600萬戶家庭使用過櫻花廚具產品。

2. 產品系列多元化

　　櫻花目前有三大產品系列，包括：

〔1〕櫻花、莊頭北的瓦斯爐、熱水器、抽油煙機，屬於中價位。

〔2〕櫻花整體廚房設備，屬中價位。

〔3〕櫻花整體浴室設備，屬中價位。

櫻花三大產品系列	
01 瓦斯爐、熱水器、抽油煙機（中價位）	**02** 整體廚房設備（中價位）
03 整體浴室設備（中價位）	

3. 銷售通路結構

櫻花全臺有9家總經銷商，然後再下放給近3,500家經銷店，包括：特約店、生活館、建設公司、中盤商、量販店等。

另外，近幾年來，由於百貨公司通路的家電樓層生意也很好，因此，櫻花也開始規劃進入此通路，以提高櫻花產品的好質感形象。

櫻花銷售通路

全臺9家
總經銷商
↓
3,500家
經銷店

＋

百貨公司專區
陳列據點

4. 技術價值創新

櫻花雖然在國內廚具擁有高市占率及高品牌知名度，其技術研發部門仍不斷突破技術升級，往更高附加價值的產品精進。如，傳統熱水器售價只有7,500元，但新開發的智慧恆溫熱水器，售價都提高到23,000元，翻了3倍之多；再如，傳統瓦斯爐售價只要4,700元，但新開發的智慧瓦斯爐，售價則提高到18,000元，也是翻了3倍之多。

　　這些都是由於提高產品附加價值，而能順利提高售價、增加營收與拉升獲利的成果。

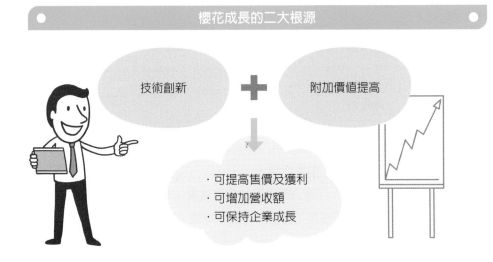

櫻花成長的二大根源

技術創新　**＋**　附加價值提高

・可提高售價及獲利
・可增加營收額
・可保持企業成長

5. 三大經營理念

　　櫻花公司40多年來所秉持的三大經營理念，即是：

⑴ 創新（技術突破，提高附加價值）。

⑵ 品質（出廠前，必須達到品管100分）。

⑶ 服務（一輩子的服務，才是真正保障）。

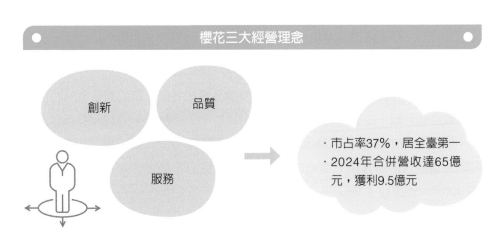

櫻花三大經營理念

創新　品質

服務

・市占率37%，居全臺第一
・2024年合併營收達65億元，獲利9.5億元

6. 四大服務

自1978年以來，櫻花持續推出：（註1）

⑴ 永久免費送安檢，讓櫻花熱水器安全真正有保障。

⑵ 永久免費油網送到家，讓櫻花抽油煙機吸力永保如新。

⑶ 永久免費廚房健檢，讓櫻花整體廚房使用最安心。

⑷ 永久免費淨水器健檢，讓您的飲水品質安心無虞。

7. 產品開發貼近消費者

在櫻花公司裡，每一位產品經理及通路經理，每年都必須完成25位消費者的深入訪談，以搜集消費者反映意見及需求的第一手資料。另外，也會派專人到消費者家中，實地觀察消費者使用產品狀況，以做為未來產品改良與升級的參考依據。

櫻花產品開發貼近消費者

每年深度訪談搜集
25位消費者的需求
及反映意見

每年到消費者家裡
實地觀察

做為產品不斷改良、升級及
增加附加價值的依據

（註1）此段資料來源，取材自櫻花公司官網（www.sakura.com.tw）。

您今天學到什麼了？
—— 重要觀念提示 ——

1️⃣ 櫻花（SAKURA）廚具市占率高達37%，且品牌地位長期領先，成為業界的領導品牌！

2️⃣ 企業經營為求不斷成長，因此在產品系列方面，不斷追求多元化策略！

3️⃣ 企業經營必須先布置好銷售通路結構，產品才有銷出的管道！因此，強大的通路力與銷售成果是高度相關！

4️⃣ 企業經營必須技術創新與附加價值提高，才能真正有效提高營收、售價及獲利！

5️⃣ 售後服務做到大家有口皆碑，是服務業者必須努力的方向！

6️⃣ 任何企業的產品開發都必須貼近消費者，才會成功！

經營關鍵字學習

1️⃣ 產品開發貼近消費者！

2️⃣ 打造優良售後服務！

3️⃣ 技術創新！

4️⃣ 提高產品附加價值！

5️⃣ 堅持高品質！

6️⃣ 技術升級！

7️⃣ 全臺3,500家經銷店據點！

8️⃣ 產品系列與產品組合！

9️⃣ 銷售通路結構！

🔟 全臺市占率第一！

⑪ 領導品牌！第一品牌！

⑫ 經營理念！

⑬ 深入消費者訪談需求！

⑭ 搜集消費者第一手資料！

問題研討

① 請討論櫻花的發展現況及經營績效為何？
② 請討論櫻花的四大產品系列為何？
③ 請討論櫻花的銷售通路結構為何？
④ 請討論櫻花的技術價值創新為何？
⑤ 請討論櫻花的三大經營理念為何？
⑥ 請討論櫻花的產品開發如何貼近消費者？
⑦ 總結來說，從此個案中，您學到了什麼？

Chapter 21

日常生活用品製造業

1. 公司簡介

日本花王（KAO）集團成立於1887年，迄今已有130多年的經營歷史，現有全球員工達3.4萬人，目前在全球100個國家銷售該公司產品，是日本最大的日常消費品及清潔用品公司。

花王2024年營收額創下1.6兆日圓（約3,400億臺幣）的銷售佳績，獲利額為1,700億日圓，營業獲利率約10%，算是很好的獲利率。

臺灣花王旗下知名品牌

01	02	03	04
Bioré	MEN's Bioré	花王洗髮精	絲逸歡洗髮精
05	06	07	08
逸萱秀	SOFINA	一匙靈	魔術靈
09	10	11	
新奇	蕾妮亞	妙而舒	

2. 花王的事業及知名品牌

根據臺灣花王的官網，顯示如下：（註1）

⑴ 美妝用品事業

包括肌膚類用品，品牌有Bioré、MEN's（男性）Bioré、Curél珂潤、花王沐浴乳、花王香皂等。美髮類用品則有花王洗髮精、絲逸歡、莉婕、逸萱秀等；另外，化妝用品則為SOFINA（蘇菲娜）等。

⑵ 衛生用品事業

　　包括生理衛生用品，如蕾妮亞品牌；嬰兒衛生用品，如妙而舒；個人健康用品，如美舒律。

⑶ 家居清潔用品事業

　　包括衣物洗滌劑用品一匙靈、新奇；以及家居清潔劑用品魔術靈等。

⑷ 化學製品事業

　　包括油脂類產品、香料、高功能聚合材料、界面活性劑等。

　　臺灣花王採取多品牌策略，目前在臺上市的品牌，計有17個之多，每個都創下不錯的業績。

3. 花王具有傑出與強大的研究開發能力

　　根據花王官網在研發方面的重點陳述，顯示如下：（註2）

　　「花王以科學的觀點追求產品的本質，藉由基礎技術研究與商品開發兩者並重的方式，不斷創造出產品新的附加價值。

　　花王一直在挑戰新的科學及技術，希望融合其成果，創造高價值的商品，並提供給全世界的消費者」。

　　花王總公司的研究開發總部設有5個商品開發研究所及2個基礎研究所，計有1,500多名技術研發人員。

花王強大研發能力

逾1,500名技術研發人員 ＋ 2個基礎研究所 ＋ 5個商品開發研究所

4. 2030年遠程財務目標

　　日本花王集團預計到2030年時，希望能成為全球高收益的消費品公司，其具體數據目標為：

　　⑴ 年營收額達2.5兆日圓（海外市場占1兆日圓）。

　　⑵ 營業獲利率（即本業獲利率）達17%。

　　⑶ ROE（股東權益報酬率）達20%。

5. 臺灣花王的行銷做法

　　日本花王公司本來就是一家很會行銷的公司，旗下各品牌都有相當的知名度及指名度，因此臺灣花王公司在這方面也做得很好。其主要行銷做法，包括下列：

⑴ 代言人行銷

　　擔任過花王各品牌代言人包括：楊丞琳、周湯豪、陳意涵、吳映潔、章子怡、周渝民、孟耿如及日本藝人等。代言人廣告成功的吸引了消費者目光，並拉升了品牌的好感度。

⑵ 電視廣告行銷

　　配合代言人，花王在電視廣告方面也投入不少行銷預算，電視廣告具有曝光聲量，可提醒消費者品牌的存在感，花王每年電視廣告的投入至少在3億元以上，主因是旗下17個品牌相當多。

⑶ 社群媒體廣告

　　花王很多產品都屬年輕人的產品，因此，在社群媒體的廣告也不少，包括：FB、IG、YouTube、Google、LINE等廣告也投入不少。

⑷ 體驗行銷

　　花王運用室內或室外的靜態或動態體驗館活動，每次都吸引不少顧客，有效提升顧客美好的產品使用體驗感受，成為潛在顧客。

⑸ 新產品記者會

　　花王每次推出新品，都會舉辦規模不小的記者會，也都達成很好的媒體露出聲量，有助新品知名度的打響。

⑹ 戶外廣告行銷

　　花王也會適當利用捷運廣告、大型看板廣告、公車廣告來宣傳品牌形象。

⑺ 公益行銷

　　花王在臺灣50週年時，曾經舉辦「微笑心生活」活動，此外，在世界地球日環保活動、永續環境、兒童潔淨活動方面，花王也投入不少心力。

臺灣花王七大行銷做法

代言人行銷　電視廣告行銷　社群媒體廣告　體驗行銷

新產品記者會　戶外廣告行銷　公益行銷

6. 花王密集的銷售據點

　　花王17個品牌，其上架通路各有不同，而且，花王又是知名品牌，上架通路並不困難。主要包括：⑴美妝、藥妝連鎖店；⑵各大超市；⑶各大量販店；⑷各

大便利商店；⑸各大百貨公司等主要連鎖大型通路都能夠上架。另外，部分商品也有上架到網購通路，例如：momo、蝦皮、PChome、雅虎購物等四大網購通路，都可方便上網訂購宅配到府。

7. 關鍵成功因素

臺灣花王的成功關鍵因素，可以歸納為下列7點：

⑴ 超強的研發能力與優質產品力

臺灣花王產品有日本花王總部研發能力的支撐與支援，因此能產製出優質的產品力，受到臺灣消費者的好評與肯定口碑。

⑵ 平價！高CP值

臺灣花王的產品大部分都是民生必需消費品，百貨公司專櫃的產品很少，因此，在定價策略方面，都是採取親民的平價策略，消費者使用過後都有高CP值（物超所值）的感受，回購率也跟著提高起來。

⑶ 130多年歷史悠久的品牌力

日本花王擁有130多年的悠久歷史，其企業形象與品牌信賴度自然很高，這是一種先入市場的優勢，後發品牌很難跟上。

⑷ 銷售通路密集

花王由於是第一品牌，銷售市占率也最高，因此，在各大零售通路的上架及陳列，都是最好的空間與位置，而且非常密集，對消費者有選購上的便利性。

⑸ 以顧客的需求為經營核心點

臺灣花王的研發、製造及銷售，均以臺灣本土化消費者的在地需求為經營核心，終能獲得顧客的深刻滿足與高滿意度。

⑹ 多品牌策略成功

臺灣花王引進日本總公司計有17種多品牌經營，此策略能瓜分最多的市場區隔及提升營收及獲利。

⑺ 靈活有效的行銷廣宣

臺灣花王在廣告公司良好的配合之下，在電視廣告的呈現方面，都是叫好又叫座，對臺灣花王各品牌資產的打造，都能產生好的提升效果，此種品牌力對業績的助益很明顯。

臺灣花王7項成功關鍵因素

01 超強的研發能力與優質產品力

05 以顧客的需求為經營核心

02 平價！高CP值

06 多品牌策略成功

03 130多年歷史悠久的品牌力

07 靈活有效的行銷廣宣

04 銷售通路密集

您今天學到什麼了？
—— 重要觀念提示 ——

❶ 臺灣花王引進日本花王旗下17個消費品牌經營，採行了多品牌策略，保持業績不斷成長與向前進！

❷ 日本花王總公司有強大研究開發能力，總計有逾1,500名技術研發人員，加上2個基礎研究所及5個商品開發研究所；終於能夠成功開發出好產品，滿足消費大眾需求，這是它研發的成功！

❸ 日本花王總公司已自我訂定未來，到2030年的遠程財務成果目標，做為長期自我努力的指標！

❹ 總結來說，花王的成功：主要得力於：(1)超強研發力；(2)優質產品力；(3)悠久品牌力；(4)高CP值定價力；(5)密集通路力；(6)行銷廣宣力成功！

（註1）及（註2）資料來源均取自臺灣花王官網（www.kao.com.tw），並經大幅改寫而成。

經 營 關 鍵 字 學 習

① 以顧客需求為經營核心點！
② 銷售通路密集！
③ 多品牌策略！
④ 行銷廣宣！
⑤ 超強研發能力！
⑥ 優質產品力！
⑦ 平價策略！
⑧ 高CP值！
⑨ 悠久品牌力！
⑩ 公益行銷！
⑪ 代言人行銷！
⑫ 電視廣告！
⑬ 2030年遠程財務目標！
⑭ 強大研發能力！
⑮ 基礎研究與商品開發兩者並重！

問題研討

① 請討論花王公司的簡介為何？
② 請討論花王有哪四大產品線及其品牌？
③ 請討論花王的研究開發能力為何？
④ 請討論花王的2030年遠程目標為何？
⑤ 請討論花王的行銷做法為何？
⑥ 請討論花王的密集銷售據點有哪些？
⑦ 請討論臺灣花王的成功關鍵因素為何？
⑧ 總結來說，從此個案中，您學到了什麼？

21-2 日本無印良品：連年成長的經營策略

1. 公司簡介與經營績效

無印良品成立於1980年，迄今已有40多年歷史，從40項商品開始，至今成長到7,000項商品的知名獨立品牌。

無印良品從各種商品的企劃開發、製造到流通銷售，所有業務都一手包辦，商品種類也從衣著開始，拓展到家庭用品、食品等所有日常生活相關用品。（註1）

無印良品目前在全球計有690店，日本有330店加上海外360店，其中海外又以集中在中國205店為最多。

無印良品是日本零售業模範生的代表，連續14年營收正成長，2024年營收超過3,500億日圓（約750億臺幣），獲利也連續6年創下新高，2024年獲利額達350億日圓（約75億臺幣），獲利率達10%。

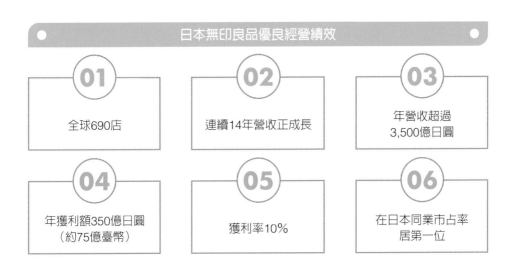

日本無印良品優良經營績效

01 全球690店

02 連續14年營收正成長

03 年營收超過3,500億日圓

04 年獲利額350億日圓（約75億臺幣）

05 獲利率10%

06 在日本同業市占率居第一位

2. 無印良品的商品開發精神

日本無印良品的商品開發精神，主要集中在下列3點：（註2）

⑴ 有道理的設計

　　無印良品的設計，是為了解決消費者生活中的問題而設計；但不只為了設計，而是為了增加使用上的便利性及舒適度為考量而做為設計的發想。

⑵ 對素材及製造流程的檢視

　　充分活用所有的嚴謹素材，並充分發揮其特色，沒有華麗的外觀，而仍維持高水準的品質。

⑶ 簡單化包裝的堅持

　　沒有多餘的裝飾，以商品本來的顏色與形狀為重點，不採用過度包裝，為環保盡一份心力。

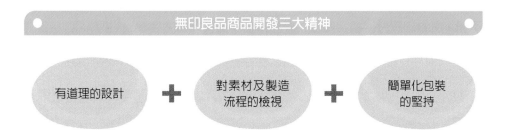

無印良品商品開發三大精神

有道理的設計　＋　對素材及製造流程的檢視　＋　簡單化包裝的堅持

3. 持續全球展店策略，以中國市場為主力

　　日本無印良品為何業績可以連年成長，主要關鍵在海外專業的成長。

　　無印良品每年維持全球70家展店目標，其中，一半在中國市場，另一半在東南亞市場。目前，中國直營門市店已超過205家，年營收也超過600億日圓，其規模已達到商品設計可在中國在地化拓展時機，不一定要賣日本總公司設計的產品，可賣更符合中國當地設計及製造的在地化特色產品。

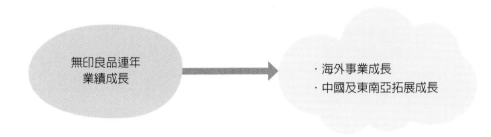

無印良品海外事業帶動業績連年成長

無印良品連年
業績成長

· 海外事業成長
· 中國及東南亞拓展成長

4. 改革供應鏈管理策略

無印良品商品種類繁多，為了壓低產品的製造成本，一次都生產1萬個，同時為避免缺貨；但此舉卻使每年庫存品金額超過700億日圓，這都是因為生產太多所致，因此，今後的改善策略，將以適量生產、適量庫存、不缺貨為三大目標，這就是改革的重點，可提高產、銷、存營運效率。

無印良品供應鏈改革三大目標

| 適量生產 | 適量庫存 | 門市不缺貨 |

5. 創造獨一無二的特色產品策略

無印良品以適當合理的價格銷售供應全球消費者生活必需品，這些產品絕大部分均由日本總公司主導自行企劃、開發、設計及製造，均具有獨特性，市場上找不到相同的產品。

無印良品提供真的必要品及恰好的商品，不只賣商品，也是賣一種生活方式（Life Style）；終於能夠在全球銷售日常生活品與雜貨品市場中，取得領導品牌地位。

無印良品創造獨一無二的特色產品

日本東京總公司企劃、設計、生產

＋

獨一無二的特色產品

↓

・無印良品的生活風格
・店面特色

您今天學到什麼了？
—— 重要觀念提示 ——

❶ 無印良品商品開發精神的最基本原則有3項：
　⑴ 為了解決消費者生活中的問題而設計開發。
　⑵ 嚴選素材，確保高品質。
　⑶ 簡單化包裝，沒有多餘的裝飾。
❷ 日本無印良品為何可以連續14年營收成長，主要原因即在海外事業的成長。因此，臺灣市場太小，臺商也必須把眼光放在全球，如此，成長就沒有界限了！
❸ 日本無印良品能創造獨一無二的特色產品策略，這是它的獨家特色，也是成功因素之一！

（註1）及（註2）資料來源取材自臺灣無印良品官網（www.muji.com.tw）。

經 營 關 鍵 字 學 習

① 營收連續14年成長！
② 為解決消費者生活問題而設計、開發！
③ 維持高品質！
④ 簡單化包裝！
⑤ 持續全球展店策略！
⑥ 中國成為主力市場！
⑦ 在地化特色產品！
⑧ 改革供應鏈管理策略！
⑨ 適量生產、適量庫存、不缺貨！
⑩ 創造獨一無二的特色產品策略！
⑪ 日本東京總公司自行設計、企劃、生產、銷售，一條龍作業！

問題研討

① 請討論日本無印良品的公司簡介及經營績效為何？
② 請討論日本無印良品業績能夠連年成長的最主要因素為何？
③ 請討論日本無印良品的商品開發三大精神為何？
④ 請討論日本無印良品為何要改善供應鏈？要解決哪項問題點？
⑤ 請討論日本無印良品海外最大市場在哪一個國家？為何要在地化？
⑥ 請討論日本無印良品在本個案中的三大策略為何？
⑦ 總結來說，從此個案中，您學到了什麼？

21-3 日本龜甲萬、TOTO：放眼100年後市場的創新策略

1. 龜甲萬公司簡介

1917年，100多年前，由日本野田市的幾大醬油釀造家族聯合設立的「野田醬油公司」，那是龜甲萬的前身，他們利用得天獨厚的地利，以供應更穩定的醬油及提升醬油品質為目標。1964年，該公司改名為「龜甲萬醬油公司」。

1990年，他和臺灣統一企業合資成立「統萬公司」，正式將該品牌引進臺灣。如今，龜甲萬在日本擁有3個生產據點，在海外亦有7個據點，其醬油的愛用者遍布世界100多個國家；在許多國家中，「KIKKOMAN」已成為美味醬油的代名詞。

2. 龜甲萬開發出新醬油

龜甲萬在日本醬油市占率達3成之多，是具有百年歷史的好口碑。但日本國內醬油市場受少子化影響，過去1年出貨12億公升，如今只剩下2/3，少掉1/3市場銷售量；工廠也減少1,000家，目前持續在萎縮中。

但龜甲萬認為：人類只要吃，就一定要有醬油，是人類永遠的需求。隨著日本料理普及到海外，未來100年的市場規模，就是全球人類的嘴巴及胃了。它認為，能否百年後仍存活，要看準百年後的趨勢。

龜甲萬2023年營收額為6,600億日圓，76%來自海外收入；該品牌賣醬油到全球超過100個國家，未來它還把南美洲、印度、非洲定位為深具潛力的待開發新市場，將可持續提升海外總銷售量，未來成長可期。

在研發上，該品牌為配合健康風潮，公司也推出減鹽醬油及香醇醬油，不斷追求創新，近期還推出可降血壓醬油，不只是守成，未來它將會持續創新到100年後。

3. TOTO開發未來馬桶

日本知名的衛浴設備品牌TOTO，已有100年歷史。海外營收占22%，但它在印度潛力市場仍建新廠，在東南亞新興國家仍設立分公司，積極推廣銷售現代化的馬桶及衛浴設備，在已開發國家則努力提升馬桶新功能。

2019年3月，在德國舉辦的住宅設施展會上，TOTO品牌展示未來產品，包括：只要坐上去即可量體重、量體脂肪率、量體溫的三量馬桶；另外，在洗澡中，可量測大腦狀態，自動調節水溫及照明，能讓人放輕鬆的衛浴設備。

4. 百年後仍然強大的企業

2020年～2022年，日本經濟成長率僅有微小的0.5%～1%而已，各家企業都面臨很大的成長及競爭壓力，各家企業都在尋求突破。但日本很多優良中大企業，都在放眼百年之後，它們認為要成為百年後仍強大的企業，第一步即要將眼光從當下、從現在移往百年之後，並做好各項研發、市場、行銷、技術、產品、品質的創新準備才行，這樣才能戰勝外在環境的劇烈變化與市場競爭。

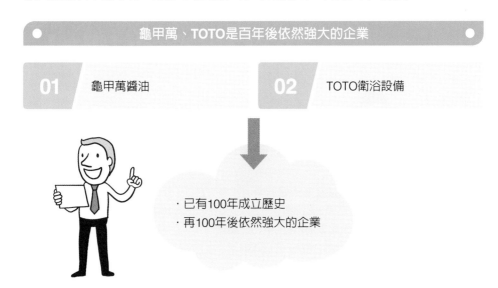

龜甲萬、TOTO是百年後依然強大的企業

01 龜甲萬醬油 　　**02** TOTO衛浴設備

· 已有100年成立歷史
· 再100年後依然強大的企業

龜甲萬、TOTO持續六大創新，才能百年長春

研發創新　技術創新　行銷創新　市場創新　產品創新　品質創新

求新、求變、求快是未來最大的挑戰

您今天學到什麼了？
── 重要觀念提示 ──

❶ 日本第一名的龜甲萬醬油及第一名的衛浴設備TOTO，都已經是100年以上的企業了，本篇個案是在講述這2個企業都在努力放眼下一個100年後的市場創新策略！希望透過持續創新，百年後這2家企業仍然繼續強大生存著！

❷ 任何企業要從事創新，可從下列7種方向創新：
　(1) 研發創新。
　(2) 技術創新。
　(3) 行銷創新。
　(4) 服務創新。
　(5) 產品創新。
　(6) 品質創新。
　(7) 市場創新。

（註1）此段資料來源，取材自龜甲萬公司官網（www.kikkoman.com.tw）。

經 營 關 鍵 字 學 習

1. 放眼100年後市場的前瞻眼光！
2. 持續創新策略！
3. 開發出新醬油！
4. 市場萎縮中！
5. 百年後仍能存活的企業！
6. 要看準100年後的趨勢變化！
7. 仍可開拓海外市場潛力！
8. 企業絕不能只是守成而已！
9. 成為百年後依然強大的企業！
10. 開發未來衛浴設備！
11. 在激烈競爭中，尋求突破點！
12. 持續創新，才能成就百年企業！

問題研討

1. 請討論龜甲萬的公司簡介及其產品創新為何？
2. 請討論TOTO公司的產品創新為何？
3. 請討論百年企業持續的六大創新為何？
4. 總結來說，從此個案中，您學到了什麼？

Chapter 22

導航製造業

1. 要做就要做全球第一

2008年時，Garmin的車用導航產品，占公司營收額7成以上，但到2019年時卻降為2成；反之，2008年時，僅占1成的戶外、健身穿戴式產品，則提高到占營收5成，彌補了車用導航產品的大幅衰退。

2023年，Garmin年營收達52.3億美元，股價漲到161美元，總市值達到311億美元，創近歷史新高，平均毛利率亦高達57.5%。

Garmin公司董事長高民環表示：「一定要做到全球第一，否則沒有生存空間。」

要做就一定要做到全球第一，
否則沒有生存空間

2. 受到蘋果及谷歌衝擊

回到2007年，當時Garmin早就是航空、航海及車用導航器市場的第一名。但在2008年，蘋果（Apple）推出第一代iPhone搭配Google Map導航軟體，形成強烈替代競爭壓力，致使Garmin當時股價大幅下滑。到2012年，谷歌又發布免費地圖及導航App，也使Garmin車用導航市場再度受到衝擊而大幅萎縮，營收額巨降。

3. 晴天要保持下雨天的準備

當時，能解救Garmin公司免於消滅的是穿戴式裝置。早在2003年時，就已推出此產品，但當時晶片太大、產品笨重、製造昂貴，因此，市場需求不大；但

之後幾年Garmin不斷調整、修改、測試，一直有危機意識，希望研發出能夠取代車用導航萎縮的替代性產品；終於在研發團隊不斷努力下，從2012年到2019年，穿戴式裝置產品總算改革出新的市場生命，此部分的營收額也不斷成長。

4. 穿戴式裝置終於活起來

　　Garmin開發任何新產品，一定要問3個問題：

　　⑴ 為何要有這個產品？

　　⑵ 為何Garmin可以做這樣的產品？

　　⑶ 消費者為何非買我們不可？

　　和其他產品相比，Garmin有許多裝置可防水，而且擁有更長電池續航力。2019年，Garmin已是運動穿戴產品的龍頭品牌，市占率很高，而且占Garmin年營收5成之多，達17億美元，以前僅占1成而已。

　　Garmin堅持在第一名時，仍然持續布局新技術，堅持產品多元化、多角化，並持續危機意識。

Garmin產品開發3個問題

為什麼要有這個產品？

為什麼Garmin可以做這樣的產品？

人家為什麼非買我們不可？

5. 五大事業版圖發展

　　Garmin目前在航海、航空、汽車、戶外、健身等5個市場領域，都有橫向擴展產品線，不斷追求多角化以分散風險，並且追求技術創新，以保持事業版圖的不斷成長、擴張，希望未來還有第6、第7事業版圖的出現。

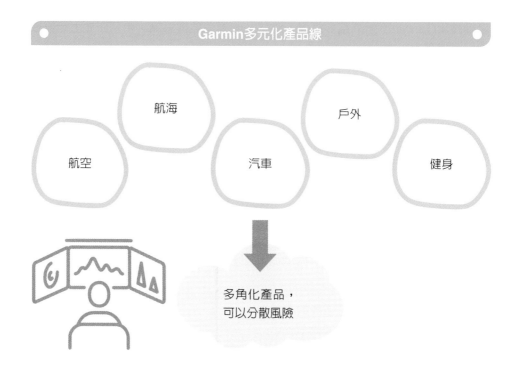

6. 持續投資未來

　　Garmin從以前起，每年都有4、5個新產品，目前每年則有近100個新產品計畫，而且，研發費用占全年營收比例不斷節節上升，目前已達17%之高，是臺灣企業平均3%的約5.7倍之多；但這也是Garmin為何能夠持續競爭優勢的關鍵所在了。也就是Garmin能夠眼光放遠，前瞻高處，不斷投資未來，才更有未來可言。

7. 社群行銷術

　　在行銷策略方面，同業的競爭國際大品牌，大都透過大砸廣告預算，以打造品牌知名度；但Garmin的行銷策略則是深耕消費社群，爭取更多的忠誠粉絲群。例如：為了耕耘馬拉松市場，Garmin設立了Runner Club（路跑者俱樂部）來建立與路跑者的關係，透過社群的體驗口碑，建立品牌的影響力。另在高爾夫、潛水、鐵人3項等特定市場上，亦採取深耕社群黏著度。

8. 擴大經營亞洲市場

　　Garmin對亞洲市場潛力看好，已開始在中國及東南亞市場布局，預計會有另一波成長可期。

9 結語

　　Garmin高董事長認為企業的成功，是由很多小事情累加起來的。尤其重要的是，一定要在晴天不忘布局雨天，投資研發、投資未來技術，建立公司不斷擁有的嶄新競爭力，這是許多臺灣企業可以看齊學習的好對象。

您今天學到什麼了？
── 重要觀念提示 ──

① Garmin董事長有很高的經營理念，認為企業經營一定要做到全球第一，否則就沒有生存空間！此想法相當霸氣，值得學習！

② 企業經營必須相當關注競爭者的動態，有時候一不小心，就會被競爭對手取代，不可不慎！

③ Garmin的經營哲學就是保持高度危機意識，一定要做到晴天時，保持下雨天的準備才行！才能長保領先的局勢！

④ 開發任何新產品時，一定要問自己，消費者為什麼非買我們的產品不可？以及為什麼需要這個產品？

⑤ Garmin擁有五大事業版圖可以分散經營風險！

⑥ 持續投資未來，就是要更重視研發的成果！

經 營 關 鍵 字 學 習

1. 持續投資未來，才有未來可言！
2. 研發費用占營收比例節節升高！
3. 社群行銷術！
4. 擴大經營亞洲市場！
5. 晴天不忘布局雨天！
6. 投資未來新技術！
7. 五大事業版圖！
8. 分散經營風險！
9. 保持事業版圖不斷成長、擴張！
10. 多元化產品線！
11. 保持高度危機意識！
12. 高度注意競爭者動態！
13. 避免被取代！
14. 要做就要做全球第一，才有生存空間！

問題研討

1. 請討論Garmin在2019年時的經營績效為何？
2. 請討論2008年時，Garmin如何受到蘋果及谷歌的競爭影響？
3. 請討論Garmin「晴天要保持下雨天的準備」之經營哲學內涵為何？
4. 請討論Garmin開發任何新產品時，一定要問的3個問題為何？
5. 請討論Garmin有哪5個事業範圍？
6. 請討論Garmin研發費用占全年營收百分比多少？這是高或低？
7. 請討論Garmin的社群行銷術為何？
8. 總結來說，從此個案中，您學到了什麼？

Chapter 23

家電製造業

23-1 臺灣松下電器：在臺成功的經營心法

臺灣松下電器公司，成立於1962年，迄今已有60多年歷史；該公司是日本Panasonic總公司旗下的一家海外合資子公司。臺灣松下電器公司在臺灣以生產及銷售大家電、小家電出名，深受國人喜愛。

1. Panasonic的標語（Slogan）

日本Panasonic是日本最大的家電集團，全球員工有27萬人之多；Panasonic最新在全球各國電視廣告宣傳的企業標語（或廣告金句），就是「A Better Life, A Better World」。

亦即，Panasonic在全球各地將會為更美好的生活方式提供新價值，讓每位顧客實現「更美好的生活，更美好的世界」之願景與使命，也是Panasonic邁向未來100年的承諾。

Panasonic廣告宣傳Slogan

更貼近消費者需求 ➕ 提供消費者生活解決方案

A Better Life, A Better World！
（更美好生活，更美好世界）

2. 電冰箱、洗衣機、電視機在臺市占率均居第一

提起臺灣松下，在臺灣是人人熟悉的老品牌；不過，在10多年前，日本總公司宣布將其品牌全面從松下改為Panasonic，並以Panasonic母品牌行銷全球。

Panasonic的產品線，包括：各種大家電及小家電產品，在臺灣，如今在電冰箱、洗衣機、電視機等3種大家電都居市占率第一名，領先日本Sony、韓國LG及臺灣本土的聲寶、歌林、東元、大同、三洋等品牌。

Panasonic可說產品線齊全，可滿足家庭需求，從小家電到大家電，臺灣松下都有，涵蓋客廳、廚房、臥房到衛浴，產品線組合相當廣泛齊全，堪稱國內第一大家電業者，年營收額為360億元。臺灣員工人數為2,500人（電冰箱市占率為34%、洗衣機為29%、電視機為11.5%，冷氣空調為19%）。

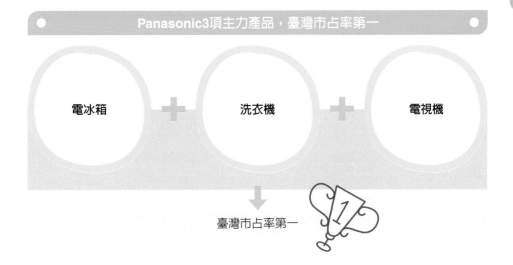

3. 通路銷售據點遍布全臺

臺灣松下公司成立轉投資的銷售公司，名稱為台松電器販賣公司，負責Panasonic全系統產品在全臺的行銷與業務事宜。

Panasonic在臺灣的銷售通路，大致區分為以下4種管道：

⑴ 百貨公司專櫃、專區。

⑵ 量販店專區。

⑶ 全臺各縣市家電經銷商。

⑷ 線上網路購物。

其中，百貨公司直營專區，包括國內全部百貨公司，如：SOGO百貨、新光三越、遠東百貨、大遠百、微風百貨、統一時代、京站時尚廣場、大葉高島屋、環球購物中心、比漾廣場、台茂（桃園）、遠東巨城（新竹）、中友百貨（臺中）、廣三SOGO、漢神百貨（高雄）、大統百貨（高雄）、統一夢時代購物中心（高雄）、大立百貨（高雄）、義大世界購物廣場（高雄）等。

另外，在量販店方面，包括：全國電子、燦坤、家樂福、大潤發、大同3C及愛買等主要連鎖量販店。

合計這些零售據點高達200多個，可說密布全臺各地。再加上各縣市經銷商的家電行通路，密布在中小型城鎮地區，對消費者的購買方便性，可說非常高。

4. 主要產品品項

Panasonic在臺灣的銷售產品線，主要包括：電視機、電冰箱、洗衣機、冷氣機、數位照相機、DVD播放機、吹風機、空氣清淨機、廚房調理用品（如電子鍋）、吸塵器、微波爐等。

5. Panasonic在臺的市場行銷策略

Panasonic在臺灣的行銷，每年幾乎都會撥出年營收額接近1.5%，即5億元，做為全部產品線的廣告宣傳活動與行銷活動預算。

近年來，Panasonic每年度的整合行銷活動，大致有如下幾種：

⑴ 以Panasonic品牌，打大量電視廣告宣傳，每年都有5億元預算，使得Panasonic品牌曝光度的廣告聲量非常足夠。

Panasonic品牌知名度在全臺亦高達80%以上，在日系家電公司品牌中，也與Sony品牌並列第一。

⑵ 舉辦新產品發表會、記者會，使新產品能夠被報導曝光。

⑶ 善用各種節慶促銷活動，刺激銷售，拉升業績。促銷也是很有效的提升業績工具。

⑷ 舉辦體驗行銷活動。Panasonic設立「廚藝生活體驗館」，舉辦多元料理課程，邀請消費者免費來館實際操作體驗，並透過口碑行銷傳播擴散出去。

⑸ 公車、捷運、看板等戶外廣告宣傳。

⑹ 舉辦公益行銷活動。

⑺ 加強售後服務及保固維修服務，帶來品牌好印象。

⑻ 同步引進日本最新產品在臺同步上市。

Panasonic的市場行銷策略

01 電視廣告播放
02 新產品發表會
03 節慶促銷活動
04 體驗行銷
05 戶外廣告
06 公益行銷
07 保固服務
08 引進日本最新產品

6. 定價策略

臺灣Panasonic產品的定價策略，由於強調日本高品質定位的角色，因此，採取中高價位的定價策略。大致比國內品牌的東元、歌林、禾聯、大同、聲寶等品牌價位高出10%～15%左右，但仍銷售得不錯。

7. 貼近、接近、滿足消費者的需求

臺灣松下10多年來，能夠成為國內大、小家電的領導品牌及持續成長，最

主要的根基，就是它強調及重視的理念：貼近、接近、滿足消費者的需求。幾年前，臺灣松下公司成立「消費者生活研究部門」，希望能夠模擬消費者的實際生活型態及需求，進而設計它們所生產的冰箱、冷氣機、洗衣機、吹風機、電子鍋等，加以加強調整、修正、改良、升級，而更能滿足國內消費者真正想要與真實的需求。

臺灣松下多年來不斷求新求變，不斷在技術及功能上尋求創新升級，未來將朝向年營收500億元而持續努力！

您今天學到什麼了？
—— 重要觀念提示 ——

❶ 臺灣松下電器Panasonic公司算是國內第一大的優良家電製造及銷售公司；它有一個非常好的全球精神標語：「A Better Life, A Better World！」（更美好的生活，更美好的世界），此句標語帶出Panasonic是一家偉大的家電公司，也是它邁向第2個100年公司歷史的承諾！

❷ Panasonic在臺灣家電市場上，其電冰箱、洗衣機、電視機均居市占率第一位！市占率代表了這個品牌在市場上的地位指標，故爭取高的市占率是非常重要的！

❸ Panasonic特別成立「消費者生活研究部門」，希望更貼近、更接近、更能滿足消費者內心潛在的需求與想望；如此，產品才能銷售得很好！

行 銷 關 鍵 字 學 習

① 透過尖端技術力與產品製造，創造新的價值！
② 廣受消費者信賴與喜愛的卓越企業！
③ A Better Life, A Better World！（更美好生活，更美好世界！）
④ 產品線齊全，可滿足一屋需求！
⑤ 市占率第一！
⑥ 通路銷售據點遍布全臺！
⑦ 大打電視廣告，使品牌曝光度及廣告聲量夠！
⑧ 廚藝生活體驗館！
⑨ 貼近、接近消費者需求！
⑩ 專門研究各種消費生活與需求趨勢！
⑪ 重視顧客體驗！
⑫ 提供消費者生活解決方案！

問題研討

① 請討論Panasonic的產品宣傳標語（Slogan）為何？
② 請討論Panasonic的產品品項有哪些？哪3項市占率第一？
③ 請討論Panasonic的銷售通路有哪4類？
④ 請討論Panasonic在臺的行銷策略與廣告宣傳有哪些？
⑤ 請討論臺灣松下能夠持續成長的根本祕訣為何？
⑥ 總結來說，從此個案中，您學到了什麼？

23-2 象印：日本電子鍋王的經營祕訣

1. 日本市占率最高的電子鍋

日本象印2019年營收為853億日圓（約230億臺幣），本業的營業淨利率達9.2%，勝過第二名市占率Panasonic的4.8%，象印品牌在日本國內市占率高達27%，該公司的電子鍋銷售占比達4成。

日本象印於2002年正式在臺灣成立台象公司，提供消費者舒適、方便、幸福的家庭優質生活。

「日本象印自1918年在日本大阪成立，秉持科技創新、生活創意的研發精神，不斷開發多項便利與實用的生活科技商品，例如：IH電磁加熱式電子鍋、VE真空保溫電熱水瓶、不鏽鋼保溫瓶，在日本、臺灣及全球各地均奠定領導品牌地位。」

日本象印主要產品系列，包括：電子鍋、熱水瓶、保溫杯、製麵包機、兒童用商品、萬用鍋、燒烤組、咖啡杯，象印使用最好等級的不鏽鋼材，做好100%食安要求。

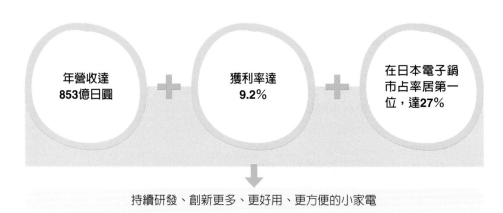

年營收達853億日圓 ＋ 獲利率達9.2% ＋ 在日本電子鍋市占率居第一位，達27%

↓

持續研發、創新更多、更好用、更方便的小家電

2. 以附加價值確保獲利

在面臨日本家電價格競爭激烈的時刻，象印都能以高附加價值確保獲利及市占率。

象印認為自己不是家電業者，而是家庭日用品業者，要優先考慮消費者家庭生活的便利性。

象印認為應優先做出美味及方便好用的電子鍋產品，並達成顧客滿意度為核心理念。象印每年煮出30噸米飯，並舉辦試吃會，記錄其美味與反彈數據，依據這些市調與試吃會數據，再進行新電子鍋產品的研發設計。

日本象印研發的三大依據核心，即是：(1)美味；(2)便利；(3)減少顧客麻煩，這也是顧客滿意度的3項條件，如此才能獲得顧客的心。

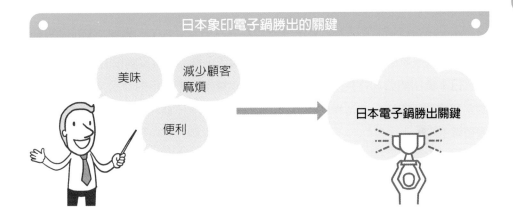

日本象印電子鍋勝出的關鍵

美味　　減少顧客麻煩

便利

日本電子鍋勝出關鍵

3. 舉辦百場試吃會，由顧客直接體驗

日本象印已有100年歷史，未來要維持營收及獲利成長，就要看中國及臺灣市場；現在，臺灣市場已居市占率第一位，但中國市場仍須再努力。

在中國市場，電子鍋仍由當地中國本土品牌居領導地位；象印在中國屬於定位在高價位的電子鍋產品，目前市占率仍偏低，但近5年來營收成長2.5倍，達114億日圓。

在中國，不少日系廠商砸大錢做電視廣告，以求拉升品牌知名度，但象印卻很少用媒體廣告。這幾年來，在中國各大百貨商場，已舉辦過700場烹調體驗試吃會活動，由現場實際烹調米飯料理，來體驗象印電子鍋的高品質與烹調美味。

日本象印舉辦700場展示體驗活動

舉辦700場
展示體驗活動　→　體驗美味與高品質
　　　　　　　　　電子鍋

4. 明確又簡單的策略

象印將研發重心放在提升顧客滿意度的美味及便利性上，市場行銷則放在體驗試吃活動。象印雖非大企業，但卻能集中資源，做出明確又簡單的策略。

日本象印總公司社長市川典男認為：「家電是每天使用的商品，如何提升米飯美味這個基本功，才是勝出關鍵。如能做到這點，不必用低價競爭，消費者也會買單的。」

您今天學到什麼了？
—— 重要觀念提示 ——

1 任何企業經營都應該秉持科技創新、生活創意的研發精神，不斷開發多項便利與實用的生活科技產品給消費者！
2 象印在面臨日本家電價格競爭激烈的時刻，它都能以高附加價值來確保獲利！
3 象印產品勝出的關鍵是：美味＋便利＋減少顧客麻煩。此三大項即是它研發創新的依據所在！
4 體驗行銷活動是行銷操作中重要的一項，它可以讓消費者體驗到此產品的優點與好印象，種下下次購買潛在原因！

經 營 關 鍵 字 學 習

1 體驗活動！
2 提升顧客滿意度！
3 美味＋便利＋減少顧客麻煩！
4 獲得顧客的心！
5 以附加價值，確保獲利！
6 科技創新＋生活創意！
7 市占率！
8 領導品牌地位！
9 多元產品組合！
10 舉辦100場試吃會！
11 拉升品牌知名度！

問題研討

1 請討論日本象印公司在日本的集團營收額多少？營業利益率多少？市占率多少？
2 請討論日本象印將研發聚焦在哪3個方向上？為什麼？
3 請討論日本象印在中國市場為何不做電視廣告而做展示活動？
4 總結來說，從此個案中，您學到了什麼？

23-3 臺灣Sony：家電、通信、遊戲多元產業的領導品牌

　　日本索尼（Sony）公司是全球知名家電、通訊、電影及遊戲的世界級企業。Sony於2000年在臺灣成立分公司，並落實在地化經營策略，成立卓越企業之一。日本Sony公司2023年全球合併營收達到7.5兆日圓，獲利6,000億日圓，獲利率為7%。

1. 主力產品系列

　　Sony在臺灣上市的產品系列，包括：電視、投影機、攝影機、耳機、行動電源、電池、智慧型手機、數位相機、記憶卡、筆記型電腦、音響、遊戲機等。其中，電視機、攝影機在臺灣的市占率均居第一位。

2. Sony的銷售管道

　　根據臺灣Sony的官網顯示，臺灣Sony的產品銷售通路，主要有以下4種：

⑴ 連鎖通路上架。包括家樂福、全國電子、燦坤3C、愛買、順發3C、大潤發、法雅客及百貨公司專區等。

⑵ 5家直營旗艦店。

⑶ 特約展售店。

⑷ 授權經銷商。

　　合計大約有300多個銷售據點，使消費者能夠方便、快速的找到可購買的據點與店面。

臺灣Sony銷售通路

01 連鎖3C家電通路商	02 直營旗艦店
03 特約展售店	04 授權經銷商

3. 臺灣Sony的行銷策略

臺灣Sony的成功，主要得力於以下幾點行銷策略。

⑴ 高品質的產品力

Sony在臺灣上市的產品，大部分都是來自日本進口的，日本製（Made in Japan）產品在臺灣消費者心目中，都有高品質的印象與好感，因此，Sony堅持高品質的優質產品，是行銷成功的最大根本利基。

⑵ 代言人行銷

臺灣Sony在過去以來，曾經使用過臺灣知名藝人做代言人，例如：周杰倫、張鈞甯、郭雪芙、陳柏霖等人。代言人的形象策略，也使得對Sony品牌有更好的喜愛與認同度。

⑶ 電視廣告

臺灣Sony在行銷預算的投入方面，仍然以電視廣告的投入占最大比例，因為電視觸及消費者的目光仍是最廣泛的；而且，相對競爭對手的日系、韓系及臺系品牌，也大都著重在電視廣告的宣傳上。

⑷ 社群媒體廣告

隨著手機、遊戲機等產品客群的年輕化趨勢，臺灣Sony也大致撥出3成行銷預算放在社群媒體及網路廣告上，例如：FB、IG、YouTube、Google、LINE的廣告及粉絲專頁經營等，臺灣Sony也加強了人力、財力的投入，希望吸引更多年輕消費族群，並盡可能讓Sony品牌永保年輕化，不要讓品牌老化。

⑸ 體驗行銷

Sony在臺灣設有直營的5家旗艦店，除了銷售、服務、廣宣功能外，亦有提供顧客體驗的功效。此外，臺灣Sony亦與公關公司合作，每年舉辦10多場次的戶內、戶外體驗行銷活動，累積上萬人次的效果。

⑹ 中高價策略

由於臺灣Sony上架的產品大多來自日本，因此，為堅持日本製造的高品質形象，臺灣Sony在定價策略上，也採取中高價策略，它所設定的目標客群，也是以能接受中高價的消費者為主力。此外，中高定價也與日本Sony在市場上的定位及形象相符合。

(7) 持續深耕品牌力

　　臺灣Sony在國內市場的行銷命脈，主要仍放在Sony的優良品牌知名度、喜愛度、指名度及忠誠度上；因此，臺灣Sony所有的廣宣活動、體驗活動及媒體報導，其目的均在持續深耕Sony的品牌資產價值，進一步提升Sony在臺灣的強大品牌力。

臺灣Sony成功的7項行銷策略

01	02	03	04
高品質產品力	代言人行銷	電視廣告投入	社群媒體廣告投入

05	06	07
體驗行銷	中高價策略	持續深耕品牌力

4. 臺灣Sony的關鍵成功因素

　　總結，臺灣Sony在國內市場的關鍵成功因素，大致可以歸納為以下六大因素：

(1) 優良品牌形象與信譽

　　Sony數十年來在日本、在全球或在臺灣，其優良品牌形象與信譽、信任感，是大家所公認的。

(2) 持續的技術創新

　　Sony日本總部的研發單位，能夠不斷的與時俱進，在技術與研發面持續創新，引領時代進步，帶給消費者更美好生活。

(3) 完整產品線

　　Sony在家電、電腦、通訊、音響、遊戲機等領域擁有完整與齊全的產品線，對經銷商或消費者而言，帶來了方便性。

(4) 堅持MIJ高品質印象

　　Sony產品大部分來自日本製造的MIJ印象，使消費者信賴度及保障度又提高了一層。

(5) 綿密的通路

　　臺灣Sony透過直營旗艦店、授權經銷商在全臺密布銷售及服務據點，對消費者也是一大便利。

(6) 行銷宣傳成功

　　臺灣Sony在國內的廣告宣傳、正面的媒體報導、頻繁的體驗活動與公益活動等，都為其Sony品牌資產的累積及提升帶來助益。

臺灣Sony六大成功的關鍵因素

01	02	03
優良品牌形象與信譽	持續的技術創新	完整的產品線

04	05	06
堅持日本製高品質印象	綿密的銷售通路	行銷宣傳成功

您今天學到什麼了？
——重要觀念提示——

① 臺灣Sony擁有完整且多元的銷售通路，可以方便消費者選購！
② 日本製（Made in Japan）且高品質的產品力，正是臺灣Sony的獨家優勢！
③ 優質產品力是任何企業行銷致勝的根本利基！
④ 臺灣Sony在宣傳方面，仍投入大量電視廣告的曝光率，以維持其高檔品牌力的形象！
⑤ 臺灣Sony每年仍舉行10多場的體驗行銷活動，讓更多消費者有好的口碑！
⑥ 任何企業都必須要努力塑造出優良的品牌形象及公司信譽，才可以做大、做久！

經營關鍵字學習

① 深耕在地經營！
② 在地化行銷！
③ 完整且齊全的產品線！
④ 永續經營價值觀！
⑤ 綿密全臺銷售通路據點！
⑥ MIJ高品質產品力！
⑦ 代言人行銷！
⑧ 每年10多場的體驗活動！
⑨ 中高價位策略！
⑩ 持續深耕品牌力！
⑪ 重視企業社會責任！
⑫ 優良品牌形象與信譽、信任度！

問題研討

① 請討論Sony的公司簡介及狀況如何？

② 請討論Sony在臺的主力產品系列有哪些？

③ 請討論Sony的銷售通路狀況為何？

④ 請討論Sony的行銷策略為何？

⑤ 請討論Sony在臺市場成功的六大關鍵因素為何？

⑥ 總結來說，從此個案中，您學到了什麼？

23-4 日本索尼（Sony）：轉虧為盈的經營策略與獲利政策

1. 四大策略

自2013年起，日本索尼（Sony）終於終結2011年及2012年連續2年的虧損，從谷底翻身，開始轉虧為盈，而到2019年時，獲利達到最高峰7,200億日圓（約2,000億臺幣），創下近20年獲利新高點。

這6年來，索尼採取了重大的四大改革策略：

(1) 透過事業結構改革策略，讓公司沉重的固定費用負擔能夠變輕、變少，減少管銷費用浪費，從而提高獲利水準。

(2) 透過組織改革，讓阻擋在各事業部門、各子公司之間，以及經營階層與現場第一線之間的厚重圍牆變薄，而能夠加速彼此的協調溝通，促進團隊合作，拉升工作效率與效能，消除組織官僚作風。

(3) 確定改走高附加價值路線與高價位策略，捨棄過去部分商品的低價政策，不在紅海市場中做低價競爭，而改走高價與差異化、特色化的競爭策略。

(4) 改為小資本投資，完全刪除大而無當且無效益的大型投資支出，大力提升投資報酬率，切實把錢花在刀口上。

日本索尼四大改革策略	
01 減少管銷固定費用支出，提高獲利	**02** 進行組織改造，加強協調與團隊合作
03 確定走高價位路線、走高附加價值路線	**04** 減少大而無當、無效益的大型投資支出

2. 服務收入的增加

索尼的電玩部門是2019年獲利的領頭羊，特別是在PS4電玩機硬體銷售達1億多臺，創下史上新高。此外，PS4主機的擴充功能利用定額制服務的會員人

數，累積已超過3,100萬訂戶，形成索尼電玩部門很穩定的每年服務收入，如此，搭配硬體機器收入＋服務收入，創造出較高的獲利水準。新的PS5於2020年11月發售。

3. 不追求量的規模，而轉向高獲利

日本索尼在2019年的ROE（股東權益報酬率）達10%以上，年度獲利額亦達7,000億日圓。近6年來，索尼開始轉向以ROE及ROIC（投入資本報酬率）為二大主力的績效追求指標，而不再追求規模，即不再追求銷售量的成長，而是轉向重視質的提升，即要求高獲利企業方向邁進。

另外，索尼對每個專業單位導入ROIC績效制度，即強調要抑制無效益的投資、浪費不當的投資、大而浮誇的投資。

而ROE績效的提升，即是要控制固定管銷費用的支出，以及同時提升每年獲利水準。

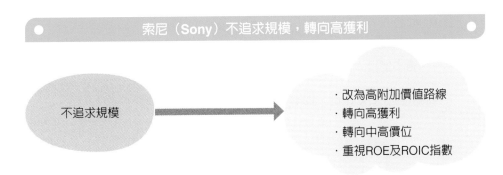

索尼（Sony）不追求規模，轉向高獲利

不追求規模

· 改為高附加價值路線
· 轉向高獲利
· 轉向中高價位
· 重視ROE及ROIC指數

4. 提升商品力成為未來首要挑戰

日本索尼認為未來要持續轉向高價位、高附加價值的政策實現，首要任務即是提高商品力，包括：品質、功能、耐用、好用、設計、保證及各種附加價值。

另外，在手機、電視、相機等產品都要求市占率在全球前五名內，商品力及市占率乃關乎未來獲利及ROE是否仍能持續成長及上升的關鍵。

索尼提升商品力成首要挑戰

提升商品力 ⟶
・未來首要挑戰
・手機、電視、相機均要保持全球市占率前五名內

註解：

(1) ROE公式

$$= \frac{年度獲利額}{股東權益總額}$$

若欲提升ROE比例，即須提升年度獲利的金額。

(2) ROIC公式

$$= \frac{年度獲利額}{資本總投入額}$$

若欲提升ROIC比例，即須提升獲利額，或降低減少資本總投入額。

您今天學到什麼了？
──重要觀念提示──

❶ 日本索尼（Sony）企業決定改走高價位及高附加價值策略，避免陷入低價格惡性競爭，乃是正確的策略！此舉並把索尼的品牌形象定位在高檔家電及3C產品的鮮明位置！

❷ 任何企業都必須對大型投資的效益及投資報酬率評估清楚，要把錢花在刀口上才行！

❸ 索尼企業決定不追求量的規模，而轉向以高獲利為要求目標，若追求量但損及利潤，此舉就不可取了！

❹ 索尼認為未來如何持續提高商品力，成為首要努力目標！

經 營 關 鍵 字 學 習

1 減少管銷費用支出！
2 進行組織改造！
3 確定走高價位路線！
4 確定走高附加價值路線！
5 減少浪費的大型投資支出！
6 不追求量的規模，而轉向高獲利！
7 不走低價、殺價失血策略！
8 重視ROE數字！
9 重視ROIC數字！
10 提升商品力！
11 保持全球市占率前五名內！
12 增加服務的連續性收入！

問題研討

1 請討論日本索尼自2013年起，開始轉虧為盈的四大經營策略為何？
2 請討論ROE及ROIC之意義為何？如何提升它們？
3 請討論索尼為何不再追求規模，而轉向高獲利的政策？
4 請討論索尼未來的首要挑戰為何？
5 總結來說，從此個案中，您學到了什麼？

23-5 大金：日本第一大冷氣機的專注經營策略

1. 公司簡介與經營績效

日本大金公司成立於1924年，迄今已90多年。該公司2023年營收額達2.4兆日圓，是松下Panasonic空調事業的4.7倍之多；年獲利額2,000億日圓，獲利率8.2%，超過其他家電公司；也是目前日本第一大冷氣空調製造及行銷公司。

1992年，臺灣的和泰興業公司開始代理大金空調在臺灣的銷售，目前大金在臺灣已經位居第二市占率，僅次於日立冷氣品牌。

2. 堅持三個創新，事業才能成功

90多年來，日本大金公司堅持3個創新，才能夠有今天的成功，此3個創新為：

⑴ 創新的技術

技術要最先進、最突破、最領先，並對消費者有助益。

⑵ 創新的產品

產品最嶄新、最具高品質、最具保證性。

⑶ 創新的服務

服務最周到、最快速、最具解決問題能力。

3. 專注策略

大金公司的年營收8成集中在冷氣空調機的銷售，另2成則為周邊相關產品，如冷媒、冷凍產品。

大金公司堅持專注本業經營，專注用心在冷氣空調機的改善及升級，而不做其他多角化、複雜化的事業。

大金認為與其開拓其他新事業，不如活用核心技術與核心能力，專注在核心空調事業上，專心的努力經營，未來仍有很多發展機會及很多待開拓的海外新市場。

總之，大金即堅持：專注＋高品質的永續發展策略。

大金空調專注核心事業

大金最高經營政策 ✚ 專注在核心空調及其周邊事業

4. 加強研發及人才培訓

大金公司花費380億日圓，在日本滋賀縣打造最新的空調技術研發中心，稱為TIC（技術創新中心，Technology Innovation Center），不斷朝空調技術的更升級與更突破努力。

另外，大金最近也熱衷於AI人工智慧的研發，希望應用AI到空調機上。

大金今年特別投入經費，預計培養1,000名AI高端技術人才。

投入380億日圓 ➡ 打造尖端先進的「技術創新中心」

5. 臺灣：黏緊合格經銷商

經銷商是冷氣空調機的銷售主力，因此，在日本及在臺灣都非常注重對他們的密切合作關係。主要做法有2項：

(1) 全力培訓這些經銷商在安裝、技術、銷售及服務四大方向的技能，並發給他們合格證書。

(2) 給他們合理的利潤，一定要讓經銷商有錢賺。

目前大金在臺灣已有超過1,000家經銷商。

大金空調勝出的三大關鍵

專注在
核心空調事業

製造出
高水準的空調機

讓經銷商人人有技術
且人人有錢賺

1　2　3

您今天學到什麼了？
—— 重要觀念提示 ——

① 日本大金的成功，就是由於它能堅持3個創新：

⑴ 創新的技術。

⑵ 創新的產品。

⑶ 創新的服務。

任何企業必須時時刻刻從事任何面向的創新，才能領先競爭對手、才能長期存活下去！

② 日本大金專注在核心事業，從不採取多角化策略，也是一種策略的選擇！採取專注策略，將使這個核心事業更加強大，並位居市占率第一名！

③ 日本大金的領先，是由於它擁有強大的研發人才及研發能力，所以研發能力及其人才團隊，乃是企業最重要的組織體！

經 營 關 鍵 字 學 習

① 日本冷氣市占率第一名！
② 堅持3個創新：
　⑴ 創新的技術。
　⑵ 創新的產品。
　⑶ 創新的服務。
③ 最具解決問題的服務能力！
④ 專注策略！
⑤ 專注本業經營！
⑥ 不做多角化、複雜化經營！
⑦ 核心技術與核心能力！
⑧ 專注＋高品質策略！
⑨ 專注核心事業！
⑩ 打造「技術創新中心」！

問題研討

① 請討論大金的公司簡介及經營績效為何？
② 請討論大金的3個堅持創新為何？
③ 請討論大金的專注策略為何？
④ 請討論大金的臺灣代理商如何黏緊合格經銷商？
⑤ 總結來說，從此個案中，您學到了什麼？

Chapter **24**

烘焙原料製造業

24-1 德麥：臺灣最大烘焙原料廠

1. 公司概述及經營績效

德麥食品公司是臺灣最大的麵包及西點烘焙原料廠。

德麥的經營理念，在其官網中揭示：「致力為客戶的完美產品，提供卓越的服務，品質至上，擁有專業技術與管理經驗，堅持專業經營理念。擁有最多烘焙技術團隊及設備，最完善烘焙教室，以及烘焙技術；成為客戶心中最信賴、最全能的烘焙夥伴。德麥通過ISO 22000及HACCP的認證，具有安全、衛生及高品質。」（註1）

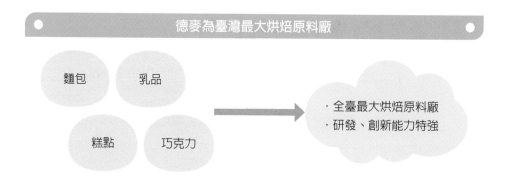

德麥公司2024年營收達38億元，稅後淨利為4.8億元，獲利率達14%，EPS為13.4元，上市股價為220元之高；連續6年，每年都賺進一個以上股本，連續13年的EPS（每股盈餘）都超過10元，經營績效頗為優良。

2. 產品線

德麥主要有五大產品線原料，包括：

(1)麵包類；(2)乳品類；(3)西式糕點類；(4)巧克力類；(5)水果類等，產品線非常完整、齊全、多元；對客戶而言，具有好吃、成本低、客戶利潤高等好處。德麥嚴選世界各國最優質原料，種類齊全、安心品管、製作出最美味的麵包，深受各界下游客戶的肯定與好評。

3. 一條龍服務

德麥公司從「配料、研發、銷售、物流」等一條龍服務，打造出全臺最大烘焙原料廠地位。其主要知名下游客戶，包括：阿默蛋糕、85度C、微熱山丘、哈肯舖等超過6,600家大型客戶，以及國內各大飯店、連鎖賣場、麵包店及零售商家，普及率高達95%，一年做出38億元的銷售成績。

德麥公司內部建立一支高效能的烘焙師團隊，專責研發新產品給客戶，每年至少研發出10款～20款新產品，可說具有強大的研發能力，這也是德麥巨大的競爭優勢。

此外，德麥還建立7間烘焙教室，引入專業及符合市場需求的烘焙技術，並定期為客戶做講習傳授，用心為客戶創新做好充實準備。

德麥的銷售目錄，計有高達3,000種商品，它不只賣原料，更是賣一個銷售組合，滿足下游客戶一站購足的需求。一旦成為德麥的客戶，幾乎都會長期往來。

德麥一條龍服務

配料 ＋ 研發 ＋ 銷售 ＋ 物流配送

4. 拓展海外市場未來

2014年，德麥正式進軍中國大陸巨大市場，並以江蘇無錫市做為根據地，開展中國市場，形成德麥未來成長的第2個重要支柱。希望5年後成為中國江蘇、浙江及上海地區最強大的烘焙原物料供應大廠。

目前，德麥在4個國家有營業成績，在年營收38億元之下，臺灣營收占比為58%，中國占比為34%，馬來西亞占比6%，香港占比3%；顯見臺灣及中國是最重要的二大市場，尤其，中國巨大市場更是德麥未來的成長契機。

5. 關鍵成功因素

總結來說，德麥的關鍵成功因素，計有下列4項：

(1) 能提供配料、研發、銷售、物流的一條龍、一站式服務，滿足客戶的全方位需求。

(2) 能提供高品質烘焙原料，數十年來，均無食安問題，客戶有信心、有保障。

(3) 能提供強大研發創新能力，不斷創新產品內容，滿足求新求變的市場需求。

(4) 中國市場潛力巨大，提供德麥未來再成長的市場保證。

(5) 擁有強大的烘焙技師人才團隊，這是公司存在及成功的最大根基。

德麥關鍵成功因素

01	配料、研發、銷售、物流一站式全方位服務	04	潛力巨大的中國市場
02	高品質堅持，無食安問題	05	擁有烘焙技師人才團隊
03	強大研發創新能力		

您今天學到什麼了？
── 重要觀念提示 ──

① 每家企業的經營理念都應牢牢記住：
　(1) 努力為客戶提供完美產品！
　(2) 提供優質服務品質！
　(3) 堅持技術創新前進！
② 德麥公司提供五大類優質的產品線，供客戶選擇採購，此種多元、齊全、完整、一站購足的特色，使客戶更滿意，值得其他企業學習！
③ 德麥也是採取一條龍服務，從配料→研發→銷售→物流，打造出全臺最大烘焙原料大廠！此種一條龍的經營模式，值得其他企業見習！
④ 國內2,300萬人口市場太小，企業終究必須規劃海外市場開拓策略，才能再成長！

Chapter 24

烘焙原料製造業

經 營 關 鍵 字 學 習

① 擁有強大的技術人才團隊！
② 中國及東南亞市場潛力巨大！
③ 強大研發能力！
④ 拓展海外市場策略！
⑤ 一條龍作業服務！
⑥ 滿足客戶一站購足需求！
⑦ 擁有長期性競爭優勢！
⑧ 多元、齊全、完整產品線！
⑨ 獲得下游客戶好評！
⑩ 經營（財務）績效優良！
⑪ 品質至上！
⑫ 堅持專業經營！

問題研討

1. 請討論德麥公司的概況及其經營績效為何？
2. 請討論德麥公司的產品線及一條龍服務為何？
3. 請討論德麥公司的拓展海外市場策略為何？
4. 請討論德麥公司的關鍵成功因素為何？
5. 總結來說，從此個案中，您學到了什麼？

（註1）此段資料來源，取材自德麥公司官網（www.tehmag.com.tw）。

24-2 源友：臺灣最大咖啡烘焙廠的經營心法

1. 食品代工廠起家，切入超商供應鏈

源友食品公司成立於1985年，工廠設在桃園；它從食品原料代工廠起家，最初始是進口各式食品原料；到2009年，成功打入超商連鎖咖啡供應鏈，此後，即呈現快速成長。2010年營收為6億元，2024年快速成長到16億元。臺灣一年進口2.9萬噸咖啡生豆，其中1/4是由源友負責烘焙的。

源友的下游訂單客戶，包括連鎖超商、連鎖速食、大型食品工廠，及中國第二大咖啡店「瑞幸咖啡」。這些大型訂單客戶對源友公司的要求只有2項：⑴要求量能足夠穩定供應；⑵品質能夠長期穩定。這2項要求，也是源友公司能在此行業中勝出的根本原因。

源友的客戶二大要求

01 穩定與足夠的供應數量		02 穩定的高品質（嚴格品管）

---

2. 產品線

源友的主力產品線有3項，如下：（註1）

⑴ 咖啡：烘炒咖啡豆、研磨咖啡粉、即溶咖啡粉。

⑵ 茶葉：烏龍茶、綠茶、紅茶、普洱茶。

⑶ 穀物：大麥、黑麥、薏仁、決明子、燕麥、麥芽。

上述以咖啡為主力，占營收的70%之高。

2014年擴廠後，源友公司精簡食品原料生產線，決定集中在有市場需求及成長潛力大的咖啡、茶葉二大事業領域。

源友發現連鎖超商最在意品質的一致性，例如：國外進口的生豆，經常會有小石頭，影響烘焙豆品質，因此，源友打造出可以清理小石頭，篩選生豆的生產設備，徹底解決品質問題。

3. 鼓勵人才培訓

源友為了養成更專業、更堅強的咖啡事業，它對於人才團隊的建立及培訓，更是不遺餘力。它送員工到中南美、非洲、東南亞的咖啡原產地去觀摩、考察及評估；並協助員工們考取國外專業證照，目前擁有國外 CQI 咖啡品質鑑定師已有10多位，是全臺最多位的專業工廠。這些專業鑑定師對源友的產品開發、改良、升級及品管，都有很大的貢獻。

4. 布建一條龍供應鏈

源友近年來的發展策略，就是往上游及下游發起。它把事業版圖延伸到上游產地，它會派人到全世界各產地，尋找最優質的精品咖啡豆，以掌握生豆來源，發展更高的附加價值產生。

另外，源友也投入3,000萬元往下游發展，即開設4家咖啡門市，嘗試做下游的精品咖啡門市，一方面可以為源友宣傳，另一方面可以嘗試走入門市終端經營，了解顧客需求及評價。

源友可以說，從國外生豆採購、烘焙、銷售、配送、到門市一條龍供應鏈，打造出較高競爭門檻，保護它的長期成長性。

5. 經營理念

源友公司有五大經營理念，如下：（註2）

⑴ 效率的經營管理。

⑵ 創意的研發精神。

⑶ 先進的生產設備。

⑷ 完整的產品組合。

⑸ 堅強的服務陣容。

您今天學到什麼了？
── 重要觀念提示 ──

❶ 源友的下游客戶，只有二大要求：
　⑴ 穩定的供應量！
　⑵ 穩定的高品質！
　因此，量夠、質佳就是下游客戶端對上游源友的二大要求！源友的成功，只要努力做到這2項要求，生意就可以長期做下去！

❷ 源友也布建了一條龍咖啡供應鏈，從生豆進口、烘焙到銷售等一連串的作業，形成它的成功競爭優勢來源！

經營關鍵字學習

❶ 布建一條龍供應鏈！
❷ 切入超商供應鏈！
❸ 穩定與足夠供應數量！
❹ 嚴格品管！
❺ 高品質要求！
❻ 主力產品線！
❼ 鼓勵人才培訓！
❽ 發展更高附加價值！
❾ 有效率的經營管理！
❿ 具創意的研發精神！
⓫ 有先進的生產設備！
⓬ 完整的產品組合！
⓭ 堅強的服務陣容！

（註1）及（註2）資料來源，引用自源友公司官網（www.yeuanyeou.com）。

問題研討

① 請討論源友公司的發展概況為何？

② 請討論源友公司的產品線有哪3項？

③ 請討論下游訂單客戶對源友供應烘焙豆的二大要求為何？

④ 請討論源友如何鼓勵人才培訓？

⑤ 請討論源友如何布建一條龍供應鏈？

⑥ 總結來說，從此個案中，您學到了什麼？

Chapter **25**

健身器材製造業

25-1 喬山：健身器材力拼全球第一

25-1 喬山：健身器材力拚全球第一

1. 力拚全球第一大品牌

喬山健身器材的全球銷售量位居亞洲第一，全球第三，目前正在力拚5年內成為世界第一的健身器材製造商。

喬山2024年營收達7.4億美元，創下歷史新高，未來若能維持1成～2成成長率，5年後，即可望超過全球第一大製造商（Life Fitness）的10億美元營收。

2019年各地傳來好消息，喬山取得各大地區的採購訂單，包括：

⑴ 北美第一大健身房連鎖品牌，即擁有1,600家門市的Planet Fitness。

⑵ 中南美洲最大健身房連鎖品牌，即Smart Fit。

⑶ 東南亞最大健身房連鎖品牌，即Celebrity Fitness。

2. 研發新機，成功攻進北美市場

喬山一直希望成為北美第一大健身房連鎖品牌Planet Fitness的供應商，但這家公司已有長期合作的公司，即全球最大健身器材製造商（Life Fitness）。不過，由於喬山長期不懈的努力，而且研發出全球第一臺的Climb-mill樓梯式健身機，因此，獲得了Planet Fitness首次的嘗試性訂單，以了解喬山健身器材的品質及服務能力。

為此，喬山特別成立在當地的專業維修團隊，主打48小時完修快速服務，終於建立出喬山的品牌信賴度。

另外，過去3年，喬山也陸續併購美國3家銷售健身器材的通路公司，合計拿下擁有98家可以銷售喬山健身器材的零售專賣店，每家都掛上喬山標誌，也逐步打開它在全美的品牌知名度及公司聲譽。

總結來說，喬山在全球健身器材銷售最大市場的北美市場，由於它的長期努力，終於成果出現，它的成功三大因素，即是：好品牌＋高品質＋專業服務！

喬山海外市場勝出五大關鍵

01 海外擴大設立子公司及門市

02 拿到北美、東南亞第一大品牌客戶的大量訂單

03 專業售後服務，贏得信賴感

04 喬山全球品牌知名度提升

05 併購北美3家通路商

3. 拓展東南亞市場，全球設立29個海外子公司

喬山目前在東南亞的泰國、越南、馬來西亞、菲律賓、香港等5個國家設立海外子公司，聘用當地專業經理人，及當地化行銷，跟當地建立信賴感。

為了激勵全球29個海外子公司積極拓展業績，喬山每個月都有全球業績競賽，以及每半年都有頒獎典禮，全球29家子公司及100多名高階主管都會出席，2019年在上海舉行頒獎。

另外，為了因應全球業績的持續成長，喬山也加速投資擴廠，2018年投資6億元在臺灣擴廠，2019年投資3億元在越南擴廠，合計可提高製造總產能的2成，以因應未來成長需求。

喬山激勵海外各國子公司拓展業務

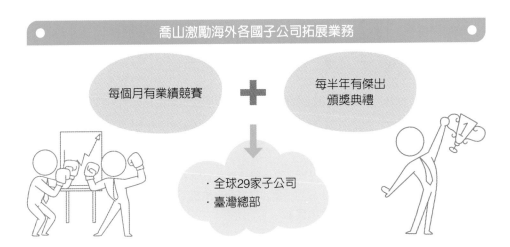

每個月有業績競賽 ＋ 每半年有傑出頒獎典禮

· 全球29家子公司
· 臺灣總部

4. 加速提高經營效益

　　喬山近幾年來雖然營收業績持續成長，但近年獲利並不算好，僅及2014年最高峰利潤的1/3。

　　喬山總公司也開始採取3步驟提升獲利效益：

　　⑴ 減少海外併購速度。

　　⑵ 提升海外各子公司營運效益，關注各子公司的損益狀況，並有效改善。

　　⑶ 加強內部管理機制，建立獲利導向的目標管理機制。

　　總之，喬山已邁向全球第一大健身器材製造公司的經營目標，勇往直前。

喬山提高獲利3招

減少海外
併購速度
　＋　
提升海外各
子公司營運
效益
　＋　
加強內部
管理機制

您今天學到什麼了?
── 重要觀念提示 ──

❶ 喬山研發出新機，終於成功攻進北美市場，所以研發＋新產品能力，對企業而言，都很重要！

❷ 喬山過去3年併購美國3家銷售健身器材公司，有助它的產品銷售管道，這是併購的效益發揮！

❸ 喬山成功的三大要因為：好品牌＋高品質＋專業服務！

❹ 喬山在全球設立海外29個子公司，全力推展銷售業務！

❺ 喬山在海外市場以自有品牌銷售！

經 營 關 鍵 字 學 習

1. 力拚全球第一大品牌！
2. 海外營收成長！
3. 研發新機，成功攻進北美市場！
4. 打造出品牌信賴感！
5. 併購美國3家通路公司！
6. 主打48小時完修快速服務！
7. 組成專業維修團隊！
8. 成功3要素：好品牌＋高品質＋專業服務！
9. 拓展東南亞市場！
10. 全球設立29個海外子公司！
11. 加速提高經營效益與提升獲利率！

問題研討

1. 請討論喬山海外市場勝出五大關鍵為何？
2. 請討論喬山如何激勵海外各國子公司拓展業務？
3. 請討論喬山最終的經營目標為何？
4. 請討論喬山如何提高2成產能？
5. 請討論喬山如何讓經營更有效率及加強獲利水準？
6. 總結來說，從此個案中，您學到了什麼？

Chapter 26

家具製造業

26-1 商億：臺商家具代工大王的經營策略

26-1 商億：臺商家具代工大王的經營策略

1. 公司簡介與經營績效

商億公司主要業務為室內家具之研發、生產及銷售；該公司主要生產基地位於中國杭州，出口外銷到以美國為主的北美市場，員工約2,000人，已建構起室內家具製造的完整生產鏈，年出貨量約5,000個貨櫃，該公司不論在品質、價格或交貨期上，皆具有競爭力。商億公司定位室內家具在中高價位市場，銷售市場涵蓋北美頂級家居品牌商，產品鎖定在家庭年所得30萬美元以上金字塔頂端客層，於接獲客製化訂單後，17天內即可完成生產出貨，分別於第5週及第7週可送達美西及美東終端客戶，產銷模式極具競爭力。（註1）

2019年，商億公司年營收額達46億元，毛利率41%，獲利額10億元，獲利率高達24%，EPS為9.7元。

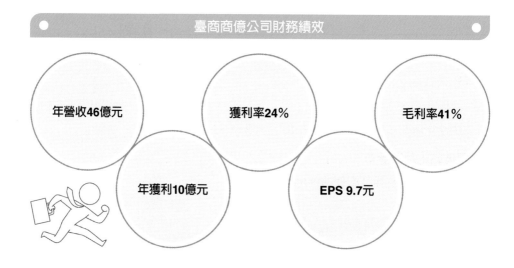

臺商商億公司財務績效

年營收46億元　　獲利率24%　　毛利率41%

年獲利10億元　　EPS 9.7元

2. 客製化流程

商億公司的一大特色，即是它的客製化流程非常迅速，如下說明：（註2）

⑴ **第一週**：美國品牌客戶接受終端消費者客製化訂單。

(2) **第二週星期一**：商億整批接收各品牌客戶的訂單，並安排生產排程。

(3) **第二週～第三週**：生產作業。

(4) **第四週**：以海運寄送貨物出貨到美國。

(5) **第五週**：美西的客戶可收到訂製品。

(6) **第七週**：美東的客戶可收到訂製品。

3. 為美國中高端家具代工的臺商

位於中國杭州的商億，專攻沙發、餐椅等室內家具，全美國十大中高端家具品牌連鎖商中，有一半是由商億代工生產的。

由於口碑很好，商億年營收從2010年的24億元，快速翻倍成長到2019年的46億元臺幣。

商億的代工家具銷售給美國5%～10%的中高端客群，其皮沙發在美國零售價約15萬元臺幣，比低端零售價約3萬元，高出4倍之多。

4. 客製化生產與快速出貨的策略優勢

美國進口中國商億的利潤約30%，故商億公司自己在美國成立貿易公司，並聘請當地有經驗的美國人負責在全美行銷業務。

商億的經營成功，主要有2點：

(1) **接訂單到出貨進度快**

從接下訂單到出貨，商億只要2週（14天）時間，別的工廠則要5週～6週時間，快速交貨可滿足美國客戶在市場上的要求。

(2) **具客製化量產能力**

商億具備隨時彈性處理多樣化訂單要求的能力。

商億成功二大要素

接訂單到出貨
速度快
+
具有客製化
量產能力

5. 一條龍快速生產，零錯誤率

商億的工廠生產線導入製造檢查點（Check-point）品管要求，品質穩定準確率達99％；工廠具備9個生產線一條龍生產模式，很少外包。

從上游原物料進貨，讓產品在14天可完成裝運，品質錯誤率幾乎是零。

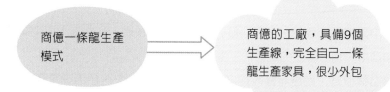

6. 美國中高端零售商的訂單

商億公司在美國的主力客戶為美國家具零售商RH公司，該公司占全公司營收額的8成，另還有美國W.S. Badcock公司等，這些都是美國中高端家具品牌商。

商億公司因為供貨快速、品質穩定、價格合理及信守訂單承諾，因此獲得國外品牌商的長期信任，因此，訂單都很穩定，也很難被其他供應商所取代。

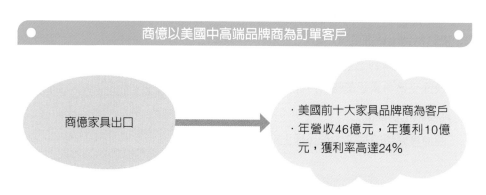

7. 打算推出自有品牌，進入中國市場

商億公司為了長期的成長性，正計畫在中國一線、二線城市，開設直營店，以自有品牌行銷中國內銷市場，這是下一個階段的挑戰。

商億經營成功的4項因素

01 接下訂貨到出貨速度快（交期快速）

02 具客製化量產能力

03 品質穩定

04 價格合理

您今天學到什麼了？
── 重要觀念提示 ──

❶ 商億定位在為美國中高端家具品牌商做代工製造！

❷ 商億的成功，主要得力於2項因素：

　⑴ 接單到出貨速度很快！

　⑵ 具有客製化量產能力，可以彈性處理多樣化訂單！

❸ 商億的獲利率高達24%，顯示商億有很好的利潤率，這是它的成功！值得所有企業借鏡學習！

❹ 商億擁有一條龍生產模式，很少外包出去，都是自己生產，自己的前途及命脈都掌握在自己手裡！

（註1）及（註2）資料來源取材自商億公司官網（www.shaneglobal.com.tw）。

經營關鍵字學習

1 出口外銷！
2 品質、價格、交貨！
3 企業競爭力！
4 客製化訂單！
5 中高端代工臺商！
6 全美前十大中高端家具品牌商！
7 客製化生產與快速出貨的策略優勢！
8 在美國成立自己的貿易公司！
9 多樣化、彈性製造能力！
10 一條龍快速生產！
11 品質零錯誤率！
12 自有品牌！

問題研討

1 請討論商億的公司簡介及經營績效為何？
2 請討論商億公司對美國訂單的客製化流程為何？
3 請討論商億公司的美國客戶為何？
4 請討論商億公司經營成功的四大要素為何？
5 總結來說，從此個案中，您學到了什麼？

Chapter 27

科技及醫藥製造業

27-1 默克：長青企業352年的經營祕訣

1. 公司簡介及經營績效

德國默克（Merck）集團成立於1668年，全球員工5.6萬人，2019年營收為148億歐元，業務擴及66個國家。默克公司有三大事業體，分別是醫療保健、生命科學、特用材料等。默克的臺灣子公司成立於1989年，在臺北、桃園、新竹、高雄均有據點、研發中心、生產中心，臺灣本地員工有1,000人。默克公司2006年~2008年的平均年成長率達11%，也是年年保持業績成長的好公司。默克可說是一家具有領導地位的科學與科技公司。

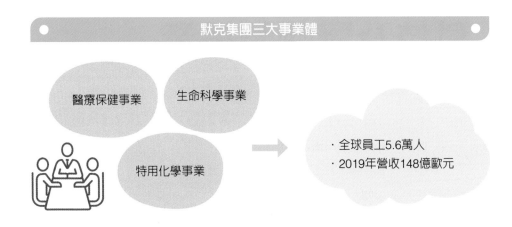

默克集團三大事業體

醫療保健事業　生命科學事業　特用化學事業

· 全球員工5.6萬人
· 2019年營收148億歐元

2. 年年成長與長青祕訣

⑴ 積極併購他公司、持續拓展事業版圖

過去12年，默克展開大規模併購，三大事業體都有新布局，併購總金額超過400億歐元。例如：在2019年即花60億元併購2家特用材料公司業者，以強化默克在這個領域的發展速度。

默克透過併購策略而壯大

併購金額超過400億歐元

⑵ 將資源投注在最重要的事業上

　　默克除了敢買也敢賣，該公司只要確認哪些產品不再具有未來性、發展性，或不符合集團定位方向，即使是獲利企業也敢於賣掉。

　　默克最大的信念，就是無論何時都要將資源投注在現在及未來最重要與發展的核心事業上。

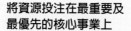
將資源投注在最重要及
最優先的核心事業上

⑶ 以五大指標評估研發專案價值

　　創新研發是默克的發展核心，2019年該公司一年研發費用即高達21億歐元。默克對每一項研發專案都要用價值觀點來評估，它的五大評估指標條件如下：

　　①成功機會；②開發成本；③商業效益；④技術效益；⑤上市時間點。

　　而在資源投入配置方面，有4成資源投注在未來有機會居領先地位的創新產品；另4成投注在目前居於領先地位的產品；最後2成則用在優化既有產品上。

　　默克也隨時檢視及檢討，若發現前景不明，就會勇於喊停，不再浪費投入資源。

默克研發五大評估

成功機會　　開發成本　　商業效益　　技術效益　　上市時間點

⑷ 經營權及所有權分開

　　默克到1995年才股票公開上市，上市後，家族持股占7成，另3成對外公開發行。

　　默克家族很早期就將企業的所有權及經營權分開，亦即它成立最上面的家族控股公司，由默克家族掌握；而旗下各主要公司則授權各公司董事會負責經營，亦即授權各專業經理人負責各公司營運。

默克長青四大祕訣

01 積極併購他公司，持續拓展事業版圖

02 將資源投注在最重要事業上

03 以五大指標，評估研發專業價值

04 將經營權及所有權分開，並公開上市

您今天學到什麼了？
── 重要觀念提示 ──

❶ 默克公司能夠保持年年成長的祕訣之一，就是不斷併購其他公司，來拓展它的事業版圖！併購運用得當，確實可以加快事業擴張的目的，因為如果凡事從頭都必須自己做起，那可能會耗掉很長時間，因此，只要花錢，就能買到公司、買到團隊、買到人才，就可以快速進入該領域！看來，併購是好策略！

❷ 企業經營資源總是有限的，因此，必須將有限的人力、財力、物力，投放在最重要的事業上及最優先的事情上！其所得到的效益才會最大！

❸ 家庭企業經營要幾百年長久下去，必須做好：所有權及經營權的分開；亦即，家族擁有公司股權，專業經理人來專心經營此事業！

經營關鍵字學習

1 三大事業版圖！
2 每年營收成長率！
3 具有領導地位的科學與科技公司！
4 積極透過併購他公司，以快速擴張事業版圖！
5 新策略、新布局、新版圖！
6 將資源投注在最重要、最優先事業上！
7 敢買，也敢賣！
8 符合集團定位方向！
9 核心事業！
10 評估研發專案五大指標！
11 所有權與經營權分開！
12 長青企業！
13 公開上市！

問題研討

1 請討論默克的公司簡介及經營績效為何？
2 請討論默克透過大規模併購的目的為何？
3 請討論默克對資源使用的最大原則為何？
4 請討論默克對任何研發專案的五大評估指標為何？
5 請討論默克家族將公司所有權及經營權分開的意涵為何？
6 總結來說，從此個案中，您學到了什麼？

Chapter **28**

化妝保養品製造業

28-1 日本高絲：化妝品獲利王的經營策略

1. 日本獲利最高化妝品牌，超越資生堂及花王

2019年第一季，日本高絲公布稅前淨利額達395億日圓（約108億臺幣），首度超越日本最大的資生堂（372億日圓）。

其中，高絲的營業利益率達14.4%，遙遙領先日本其他競爭對手，僅次於世界最大的巴黎萊雅17.5%。

日本高絲成立70多年來，在日本都是市占率第二名；而2019年營業利益率（即獲利率）能夠超越原來第一名的資生堂，其主要二大因素為：

⑴對美國一場併購案，成功開拓美國彩妝市場。

⑵日本高絲總公司自我進行的管銷費用節省政策所致。

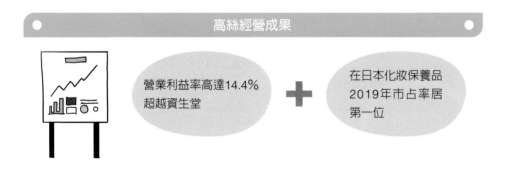

高絲經營成果

營業利益率高達14.4% 超越資生堂

➕

在日本化妝保養品 2019年市占率居 第一位

2. 成功的美國收購策略

高絲為擴大海外市場，在2018年，以1.3億美元（約39億臺幣），收購美國當地一家中小型彩妝保養品公司，名為Tarte。

Tarte主打草本天然彩妝品，在美國有2,300個銷售據點，營業利益率超越20%。Tarte有它成功的成本管控模式，即自己沒有研發室，也沒有工廠，省去一切不必要的研發費用及工廠製造費用。Tarte專心於純天然化妝品研發，在取得專利技術後，即委託美國當地工廠代工，降低生產成本。

此外，Tarte品牌也不花錢打昂貴的電視廣告及平面媒體廣告，只靠社群網站慢慢累積的良好口碑經營；其主力宣傳，即是仰賴IG（Instagram）社群，其累計追蹤粉絲人數已破600萬。

併購前的Tarte，年營收只有微小的79億日圓，被高絲收購後，反而擴大經營，營收成長率達3.57倍，達282億日圓，而其營業利益率達20%，貢獻母公司很多，終使日本高絲拉升了整體營業利益率。

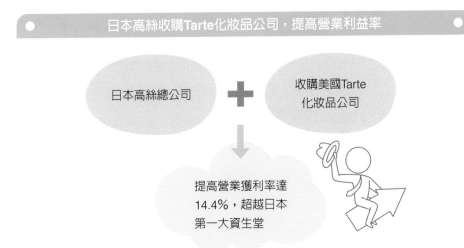

3. 日本總公司也力行成本降低

除了收購美國Tarte公司，拉升營收及營業利益率之外，日本高絲總公司也自我力行降低管銷成本，包括人事費降低、公司交際費減少、廣宣費用合理控制等，使得總部的費用降幅甚多；其中，人事成本率從26%降到16.9%，最為顯著。

4. 不貿然開發新品牌，守住傳統知名品牌

在行銷策略方面，高絲也堅守傳統最強品牌「雪肌精」，策略是盡量延長該長銷品牌的生命週期。而且，另一方面，也不貿然推出新品牌，因為這樣會投入大量廣宣費，以及對銷售成本的增加。

除了重塑雪肌精品牌形象外，高絲也成功拓展日本年輕族群，加上中國觀光客爆買的影響，使得高絲整體銷售額仍每年持續成長。

5. 專注彩妝事業，提升市場鞏固力

　　高絲社長小林一俊認為，競爭對手花王或資生堂的事業範圍比較廣、比較多角化；但高絲卻專心致力於彩妝保養品一項核心事業；因此，必然可以提升這方面的市場鞏固力，要被對手再搶走市場占有率也不是容易的事。

　　小林一俊社長表示，未來仍將專注在核心本業，持續提升各品牌忠誠度，深耕日本國內彩妝保養品市場；另一方面，仍將加速拓展美國及其他海外市場，以保持國內外持續成長動能及優良的營業利益率績效指標。

日本高絲力行成本降低及堅守傳統好品牌

總公司力行
成本降低

堅守傳統品牌
雪肌精

➡

鞏固公司營運績效

您今天學到什麼了？
—— 重要觀念提示 ——

1. 日本高絲化妝品公司由於收購美國Tarte化妝品公司成功，再加上總公司採取精簡費用措施，終使獲利率獲得提高！甚至超越資生堂，值得各企業學習！
2. 總公司的管銷費用節省，主要是人事成本降得最多，所以用人數量要適當管制才行！
3. 在開發新品牌方面，高絲採取謹慎觀點，寧願從既有知名品牌好好守住它，也不要隨隨便便推出新品牌，因為推新品牌的廣宣成本很高，不易於短時間賺回來！
4. 日本高絲公司亦專注於核心本業，沒有隨便多角化，希望專心在化妝品核心事業，把它做到極致即可！

經 營 關 鍵 字 學 習

1 營業利益率！
2 對美國一場併購案！
3 精簡總公司管銷費用！
4 IG社群粉絲！
5 社群口碑經營！
6 力行總公司成本下降！
7 人事成本率下降！
8 謹慎開發新品牌！
9 守住既有知名品牌！
10 延長「長銷品牌」生命週期！
11 專注彩妝保養品事業！
12 提高市場鞏固力！
13 持續營收成長動能！
14 加速拓展海外市場！

 問題研討

1 請討論日本高絲化妝品公司近年營運績效如何？
2 請討論高絲近期的營業淨利率為何升高及超越資生堂？
3 請討論高絲總公司如何力行成本降低？
4 請討論高絲為何要堅守傳統品牌？
5 總結來說，從此個案中，您學到了什麼？

1. 臺灣市占率70%，銷售海外50國

邑軒公司是臺灣最大假睫毛製造商，在全臺擁有7成高的市占率。若從假睫毛的長度、粗細、捲度及顏色等4個角度來看，邑軒的假睫毛種類超過1,000種，可以說具有多樣化的產品線。

邑軒過去都是做臺灣市場，但臺灣市場小，很容易飽和不再成長，因此，2017年後即努力拓展海外市場，目前已外銷達60多個國家，2024年全年營收額為3.8億元。

邑軒經營績效

1 臺灣假睫毛
市占率70%

2 外銷海外
60多個國家

3 年營收3.8億元

2. 自建工廠，嚴控品質

邑軒早期都是委託臺灣及中國代工，但長期下來，發現工廠小且品質不穩定，缺乏現代化管理制度。但邑軒認知到品牌的基礎是品質，故2014年決定在臺灣自建工廠，從裁切、捲度、加熱定型、烘乾、裝盒到包裝等，每一個工序都建立品質管制標準，嚴格建立穩定及高品質的假睫毛產品。

自建工廠 ＋ 嚴控品質

3. 核心能耐：在0.05毫米上，追求創新

邑軒的核心競爭力，即是在一排0.05毫米的人造睫毛上，不斷尋求變化與創新。亦即在捲度有8款、尺寸有11種、材質有10種、模具有20種、捲管有6種等框架中，可以組合出1,000種假睫毛，力求不斷求進步、求變化、求創新、求提升品質不變形。

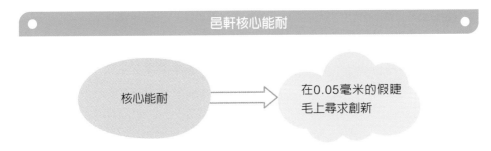

4. 承諾3年不變形，優於同業

不好的假睫毛用過後就容易走樣、變塌、變直，但邑軒所生產的產品優勢，就是「產品穩定性很高、耐用度較久」。一般來說，假睫毛外型可維持1年半，但邑軒的產品，耐用度可以承諾3年不變形，多出1倍時間的耐用度，因此口耳相傳。

5. 拓展海外市場，接少量訂單

邑軒在努力做好品質後，最主要就是把產品賣出去。因為臺灣市場不夠大，因此要積極尋找海外市場的缺口，於是鎖定歐美市場的訂單，例如：美睫店、沙龍店等，每張訂單數量不大，50盒、100盒也都會接單，客製化生產；但這些小客戶也會逐漸變大，採購品項也漸多。

目前已有300多家海外客戶，包括在美國美妝店的前十大品牌中，即有5家是邑軒代工的產品。

邑軒勝出關鍵的3項要素		
品項多，高達1,000種假睫毛	承諾3年不變形優於同業！高品質	小量生產、客製化生產

您今天學到什麼了？
—— 重要觀念提示 ——

① 邑軒假睫毛原來採取外面工廠代工，但是品質不夠穩定，會影響國內外客戶端的抱怨，因此，後來乾脆自建工廠，然後嚴控品質，才做出高品質且穩定的產品出來！
② 邑軒公司打造出自己的核心能耐，即在0.05毫米上尋求變化與創新！
③ 邑軒的產品，做到可以承諾3年不變形，優於同業！
④ 由於臺灣市場太小，邑軒只得拓展海外市場，現在已銷售海外50多個國家，有300多個客戶，尤以美國市場為最大！

行銷關鍵字學習

① 臺灣市占率70%！
② 銷售海外50國！
③ 多樣化產品線！
④ 臺灣市場小，容易飽和！
⑤ 努力拓展海外市場！
⑥ 自建工廠，嚴控品質！
⑦ 建立高品質管制標準！
⑧ 核心能耐！
⑨ 在0.05毫米上尋求創新！
⑩ 提升品質不變形！承諾3年不變形！
⑪ 不斷求新、求變、求進步！
⑫ 小量生產！客製化生產

問題研討

1 請討論邑軒的經營績效如何？
2 請討論邑軒的核心能耐為何？
3 請討論邑軒為何要自建工廠？
4 總結來說，從此個案中，您學到了什麼？

化妝保養品製造業

第三篇

企業經營致勝易懂的302個重要關鍵字

企業經營致勝易懂的
302 個重要關鍵字

「經營面」重要關鍵字（168個）

「管理面」重要關鍵字（50個）

「行銷面」重要關鍵字（84個）

「經營面」重要關鍵字（168個）

1. 競爭是動態的！

2. 轉型沒有終點！

3. 用全新的角度去檢視一切！

4. 一站購足的需求！

5. 零售業自有品牌（PB產品)！

6. 確保食安問題！

7. 展現差異化特色、差異化策略！

8. 多元化營運模式並進！

9. 堅持低價、便宜、微利、省錢、便利！

10. 願景目標！

11. 建立進入門檻，阻絕競爭對手！

12. 確認公司整體發展方向正確！

13. 加速展店！

14. 通路為王！

15. 透過併購快速成長！

16. 與供貨廠商建立生命共同體！

17. 不斷創新才能領先！

18. 打造經營優勢！

19. 強化核心能力！

20. 堅強展店團隊！

21. 特色化、大店化發展策略！

22. 面對挑戰！應對策略！隨時應變！

23. 唯快不破！

24. 求新、求變、求更好！

25. 打破傳統邏輯思維！

26. 面對困境要有新思維、新做法！

27. 共同把市場餅做大！

28. 不怕競爭，隨時要機動、調整、彈性及改變！

29. 高毛利率、高獲利率！

30. 追求規模經濟效益！

31. 突破傳統、打破傳統！

32. 因應高齡化對策！

33. 堅持正確的經營戰略！

34. 一條龍垂直整合經營模式！

35. EPS（每股盈餘）！

36. 股價！企業總市值！

37. 眼光精準！

38. 提高獲利率！

39. 持續營收成長！

40. 多角化擴張策略！

41. 申請股票上市櫃公開發行！

42. 多品牌策略！

43. 不斷創新求變！

44. 思考未來成長策略！

45. 海外設店、設點！

46. 代理國內外品牌！

47. 全方位面向創新！

48. 最大的競爭對手就是自己！

49. 堅持產品高品質！

50. ROE（股東權益報酬率）！

51. 在每個階段，不斷挖出利潤！

52. 企業社會責任（CSR：Corporate Social Responsibility）！

53. 逆勢成長策略！

54. 多角化布局！

55. 誠信經營！

56. 提高經營績效！

57. 穩健經營！用心經營！

58. 建立公司良好形象！

59. 公開資本市場募集發展資金！

60. 與其完美出手，不如邊做邊修！

61. 唯有客戶成功，我們才算成功！

62. 帶給消費者更美好的生活承諾！

63. 掌握外部商機！

64. 海外嚴謹授權管理！

65. 快速全球加盟展店！

66. 轉型策略成功！

67. 企業願景目標！

68. 企業核心價值！

69. 追求永續經營！

70. 領導人要給正確方向！

71. 建立高進入障礙！

72. 擁有領先的先進技術！

73. 品牌與信譽是企業的核心生命所在！

74. 掌握方向、找出重點、激勵員工！

75. 一站式垂直供應鏈模式！

76. 海外客戶多元化！

77. 掌握全球發展趨勢！

78. 決策要邊做邊修！

79. 在錯誤中調整、改進！

80. 讓第一線業務員工成為經營主角！

81. 分散全球生產基地！

82. 自主掌握關鍵原物料！

83. 研發費用無上限！

84. 研發人員超過1/5人數！

85. 越困難做，才越有競爭力！

86. 打造成為研發導向公司！

87. 一條龍生產優勢！

88. 能夠自己做，就不找外面代工！

89. 打造核心能力！

90. 獨門技術！獨門Know-how！

91. 全球市占率！

92. 做生意，講誠信！

93. 自有資金比例！

94. 創新是日常工作！

95. 另闢新戰線！

96. 尋求未來成長曲線！

97. 持續研發、創新！

98. 開發新市場！

99. 專人駐廠服務！

100. Total Solution（全方位解決問題方案）！

101. 即時掌握市場脈動！

102. 發放高額研發獎金！

103. 重金禮聘高級研發人才！

104. 大力投資研發！

105. 提高附加價值，才能提高價格！

106. 成立自己強大的研發中心！

107. 品質＋交期＋價格三位一體！

108. 代工易被取代，要思考如何差異化！

109. 堅持高品質！

110. 技術升級！

111. 2030年遠程財務目標！

112. 持續投資未來，才有未來可言！

113. 研發費用占營收比例節節升高！

114. 晴天不忘布局雨天！

115. 企業要有危機意識！

116. 分散經營風險！

117. 高度注意競爭者動態！

118. 避免被取代！

119. 要做，就是要做全球第一！

120. 賺技術財！

121. 賺管理財！

122. 賺品牌財！

123. 產銷一條龍！

124. 以附加價值確保獲利！

125. 永續經營價值觀！

126. 高品質產品力！

127. 減少管銷費用支出！

128. 減少浪費的大型投資支出！

129. 不追求量的規模，而轉向追求高獲利！

130. 確定走高附加價值路線！

131. 不走低價、殺價失血策略！

132. 保持全球市占率前五名內！

133. 增加服務的連續性收入！

134. 擁有強大的技術人才團隊！

135. 拓展海外市場策略！

136. 品質至上！

137. 堅持專業經營！

138. 擁有長期性競爭優勢！

139. 力拚全球第一大品牌！

140. 海外營收成長！

141. 成功3要素：好品牌＋高品質＋專業服務！

142. 全球設立海外子公司！

143. 加速提高經營效益！

144. 外銷成功3要素：品質＋價格＋交貨！

145. 客製化訂單！

146. 快速出貨優勢！

147. 多樣化、彈性化製造能力！

148. 品質零錯誤率！

149. 堅持3個創新：⑴創新的技術！⑵創新的產品！⑶創新的服務！

150. 專注本業經營！

151. 不做多角化、複雜化經營！

152. 專注核心事業！

153. 營收成長率、獲利成長率！

154. 新策略、新布局、新版圖！

155. 將資源投注在最重要、最優先事業上！

156. 評估重大研發專案五大指標！

157. 百年長青企業！

158. 放眼100年後市場的前瞻眼光！

159. 百年後仍能存活的企業！

160. 企業絕不能只是守成而已！

161. 成為百年後依然強大的企業！

162. 在激烈競爭中，尋求突破點！

163. 持續創新，才能成就百年企業！

164. 持續營收成長動能！

165. 臺灣市場小，容易飽和！

166. 自建工廠，嚴控品質！

167. 布建一條龍供應鏈！

168. 有先進的生產設備！

「管理面」重要關鍵字（50個）

1. 品質控管嚴謹！

2. 數字分析、數字管理！

3. 信任員工！充分授權！

4. 看人看優點！

5. 把人才放在對的位置上！

6. 員工跟著公司一起成長！

7. 建立完整物流體系！

8. 建立IT資訊系統！

9. 勤勞、務實企業文化！

10. 以高薪、高福利留住好人才！

11. 建立電腦自動加薪制度！

12. 善待員工、照顧員工！

13. 強大採購團隊！

14. SOP（標準作業流程）！

15. 升遷制度透明化！

16. 集團資源運籌中心！

17. 成本控管！

18. 費用精簡！

19. 管理科學化！

20. 製程標準化！

21. 員工向心力提升！

22. 秉持「快、狠、準」的野戰精神！

23. 組織架構力求扁平化！各級長官不必太多！

24. 應用系統化、資訊化管理！

25. 快速應變！快速決策！

26. 快速修正！

27. 快速進步！快速成長！

28. 嚴謹供應商管理制度！

29. 品質控管作業細則！

30. 做好食安！

31. 省租金、省人力、省成本！

32. 提升管理效率與效能！

33. 利潤中心制度！

34. 強大執行力！

35. 決策模式！快速決策！

36. 打造共利的企業文化！

37. 管理＝人性＋科學！

38. 建立員工知識庫！

39. 要激勵員工潛能！

40. 凡事要正面思考！

41. 派遣資深臺幹赴海外工廠！

42. 海外電話及視訊會議管理！

43. 薪資、獎金高於同業！

44. 吸引、留住優秀人才!

45. 進行組織改造！

46. 所有權與經營權分開！

47. 人事成本率下降！

48. 培育人才！

49. 激勵士氣！

50. 有效率的管理！

1. 優化消費者購物體驗！

2. 未來是消費者的世界，消費者至上！

3. 低價、平價策略！

4. 信守服務承諾！

5. 定位正確！

6. 集點行銷！

7. 主題行銷！

8. 體驗行銷！

9. 電視廣告打出全國知名度！

10. 建立品牌信賴性！

11. 行銷廣宣成功！

12. 定期促銷、吸引買氣！

13. 完整、多元、多樣化產品線！

14. 代言人行銷！

15. 通路據點密布！

16. 平價、低價、物超所值感！

17. 保證退貨制度！

18. 續卡率！

19. 為顧客創造高附加價值！

20. 改變定位！重新定位！

21. 市場區隔！

22. 若追不上顧客需求，就會被顧客淘汰！

23. 滿足顧客變化中的需求與想望，是企業致勝的根本核心！

24. 市占率！心占率！

25. 多元化、多樣化、新奇化的產品組合！

26. 優化商品組合！

27. 提升店鋪流行感、升級感！

28. 贏得顧客心！

29. 100%滿足顧客現在及未來的需求！

30. 市場調查！

31. 顧客回購率！回店率！

32. 打出好口碑！

33. 行銷廣宣預算！

34. 追求成為第一品牌！領導品牌！

35. 爭取顧客的信任感！

36. 打出品牌高知名度！高好感度！高忠誠度！

37. 「信任」是品牌的核心根基！

38. 多品牌策略的成功！

39. 服務要升級！

40. 建立與經銷商行銷夥伴關係！共存共榮！

41. 爭取年輕客層！

42. 電視廣告年輕化！

43. 高CP值！

44. 打造獨特印象！

45. 滿足消費者需求！解決消費者痛點！

46. 品牌命名成功！

47. 開展新店型策略！

48. 足感心！廣告Slogan成功！

49. 加強產品保固、保證！

50. 免息分期付款！

51. 洞悉消費者！

52. 全媒體行銷！

53. 媒體企劃與媒體採購！

54. 金字塔頂端客層！

55. 24小時完成維修的承諾！

56. 新品上市！

57. 不斷開發新口味！新產品！

58. 主力目標客層！目標消費客群！

59. 產品開發要貼近消費者！

60. 行銷4P：Product （產品力）、Price（定價力）、Place（通路力）、Promotion (推廣力）！

61. 打造優良售後服務！

62. 領導品牌！第一品牌！

63. 搜集消費者第一手資料！

64. 以顧客需求為經營核心點！

65. 公益行銷！

66. 銷售據點遍布全臺！

67. 貼近、接近消費者需求！

68. 提供消費者生活解決方案！

69. 提升顧客滿意度！

70. 美味＋便利＋減少顧客麻煩！

71. 獲得顧客心！

72. 在地化行銷！

73. 完整且齊全產品線！

74. 低、中、高價策略！

75. 持續深耕品牌力！

76. 打造優良品牌形象！

77. 滿足顧客一站購足需求！

78. 組成專業維修團隊！

79. FB、IG社群粉絲！

80. 社群口碑相傳！

81. 謹慎開發新品牌！

82. 長銷品牌！

83. 提高市場鞏固力！

84. 守住既有賺錢品牌！

國家圖書館出版品預行編目（CIP）資料

超圖解企業管理成功實務個案集/戴國良著.
-- 二版. -- 臺北市： 五南圖書出版股份有
限公司, 2024.12
　　面；　公分
ISBN 978-626-393-890-8(平裝)

1.CST: 企業管理 2.CST: 個案研究

494　　　　　　　　　　113016391

1FSG
超圖解企業管理成功實務個案集

作　　　者－戴國良

編輯主編－侯家嵐

責 任 編 輯－吳瑀芳

文 字 校 對－張淑媏

封 面 設 計－封怡彤

內 文 排 版－賴玉欣

出 版 者－五南圖書出版股份有限公司

發 行 人－楊榮川

總 經 理－楊士清

總 編 輯－楊秀麗

地　　　址：106臺北市大安區和平東路二段339號4樓

電　　　話：(02)2705-5066　傳　　真：(02)2706-6100

網　　　址：https://www.wunan.com.tw

電子郵件：wunan@wunan.com.tw

劃撥帳號：01068953

戶　　　名：五南圖書出版股份有限公司

法律顧問：林勝安律師

出版日期：2020年11月初版一刷
　　　　　2024年12月二版一刷

定　　　價：新臺幣450元

經典永恆・名著常在

五十週年的獻禮——經典名著文庫

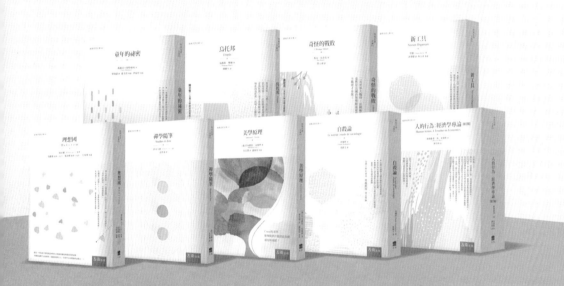

五南，五十年了，半個世紀，人生旅程的一大半，走過來了。

思索著，邁向百年的未來歷程，能為知識界、文化學術界作些什麼？

在速食文化的生態下，有什麼值得讓人雋永品味的？

歷代經典・當今名著，經過時間的洗禮，千錘百鍊，流傳至今，光芒耀人；

不僅使我們能領悟前人的智慧，同時也增深加廣我們思考的深度與視野。

我們決心投入巨資，有計畫的系統梳選，成立「經典名著文庫」，

希望收入古今中外思想性的、充滿睿智與獨見的經典、名著。

這是一項理想性的、永續性的巨大出版工程。

不在意讀者的眾寡，只考慮它的學術價值，力求完整展現先哲思想的軌跡；

為知識界開啟一片智慧之窗，營造一座百花綻放的世界文明公園，

任君遨遊、取菁吸蜜、嘉惠學子！